伊沙贝 / 著

Lian'ai Ke

SPM
南方出版传媒
广东人民出版社
· 广州 ·

图书在版编目（CIP）数据

练爱课 / 伊沙贝著 . —广州：广东人民出版社，2021.7
ISBN 978-7-218-14659-1

Ⅰ .①练… Ⅱ .①伊… Ⅲ .①情感—通俗读物 Ⅳ .① B842.6-49

中国版本图书馆 CIP 数据核字（2020）第 237750 号

LIAN'AI KE
练爱课
伊沙贝　著

出 版 人：肖风华
责任编辑：钱飞遥
责任技编：吴彦斌　周星奎
出版发行：广东人民出版社
地　　址：广州市新港西路 204 号 2 号楼（邮政编码：510300）
电　　话：（020）85716809（总编室）
传　　真：（020）85716872
网　　址：http://www.gdpph.com
印　　刷：佛山市迎高彩印有限公司
开　　本：890 毫米 ×1240 毫米　1/32
印　　张：7.125　**字　　数**：160 千
版　　次：2021 年 7 月第 1 版
印　　次：2021 年 7 月第 1 次印刷
定　　价：48.00 元

如发现印装质量问题，影响阅读，请与出版社（020-85716849）联系
调换。售书热线：（020）85716826

目　录

练习 5

挥别错的，才能和对的相逢

邂逅更好的自己

转身离开的能力

真正的安全感，是找到自己的精神维度，从而免于灵魂的漂泊。——高晓松

01

"只用一百块，在一个陌生的城市生活十天。"

欣琪是一位大学老师，这是她列的愿望清单中的一项挑战，在这个暑假，她付诸实践。

就这样，欣琪订好了往返机票，不带手机，也不带钱包，只揣着一百块钱，便来到了举目无亲的西安。

她说："我就是想试试看，当我没有钱，没有手机，没有他，一无所有的时候，在一个陌生的城市，可不可以活下去。"

这个"他"，指的是欣琪的前男友。原本双方都已经开始谈婚论嫁了，他却在这个时候提出分手。他说，欣琪太黏人了，他觉得透不

过气来。

当然，我并不认为这就是全部的理由，但欣琪确实是一个缺乏安全感的人。大学老师本来就相对自由，而她教的又是一门闲课，时间宽裕。于是，富余的时间，她都用来胡思乱想、提心吊胆。

她喜欢听到对方的甜言蜜语，同时却又怀疑对方的真诚。就连他身边跟他讲话的女生，她都会感到风声鹤唳，不免要怀疑、追问一番。

可爱情就像是手中的沙一样，抓得越紧，漏得越多，最后张开手掌，发现只剩下一句过期的承诺，再想找对方兑现，已经人去楼空。

之前，欣琪觉得分手会要命，没有他活不了，所以，这一次她想试试看，自己能不能完成这个挑战。

她之前没有任何兼职经验，而在这十天里面，她尝试了人生当中许多想做而未做的职业。她当了文案，写了广告，做了咨询师，还客串了几天的瑜伽老师。

十天下来，除去基本的消费外，欣琪居然还剩下 850 元。

欣琪说："在一个陌生的城市里，没有朋友，没有手机，没有钱，我用咨询换车费，用故事换食物，用文字换工资，才发现我一样可以过得很好。这十天让我发现自己的人生依旧是有很多可能性的。

"这十天激发出来的自己，让我自己都觉得惊奇，原本觉得开不了口的事，居然很自然地做到了。

"我一直想向外寻求安全感，有安全感的工作、有安全感的男朋友，但我现在发现，安全感根本不是来自别人，而是来自自己，我的能力是别人拿不走的。这让我莫名地自信起来，现在的我，面对变化时一点都不害怕。

"我不再害怕分手、失业和背井离乡，因为我知道，自己在任何地方，都可以过得很好。失去了他，我也可以活得下去，而且，活得很精彩。在一无所有的时候，我还有我自己。这是我给自己的安全感。"

看到她的改变，我默默地，把这一项也加入到了自己的愿望清单里。

我们在四处张望，寻找安全感在哪里，却忽略了回到自己的内心，那才是最稳定的安全感的来源，而且，源源不断。

02

我曾经在策划公司工作，在做方案的时候，一般都会给客户两个选择：方案 A、方案 B，即便客户选择了方案 A，方案 B 的材料也都准备着。

拿做演出策划来举例，如果临时下雨了怎么办？如果实际到场人数比预期人数多了怎么办？如果演出团队临时出现意外了怎么办……如果出现了意外和问题，就马上启动方案 B。

方案 B 不一定要使用，但是必须要有，无论发生什么意外情况，都要确保演出能继续下去。

人生又何尝不是如此，出现意外的时候，就看你有没有把这台戏唱下去的能力。

朋友西岚婚姻很幸福，先生也事业有成，收入颇丰，她原本可以在家里安安稳稳地做个阔太太，可人人羡慕的生活，她偏不要，她选择了出来创业。

她喜欢研究美食，所以开了餐厅，而且是两家不同类型的餐厅。但喜欢吃和开餐厅是两回事。我曾去过几次，看到她在店里忙得焦头烂额、满脸油光，根本没有她想象中的优雅从容。

西岚在当老板后才发现创业不易，开餐厅有时是表面热闹，一算账才见真章。每天累死累活的，可两家餐厅一算账，除去各项成本，不但没赚钱，反而亏了十来万元。

先生劝她说："你就在家里待着吧，搞得自己那么累干吗？和其他太太一样，每天打打麻将好了，就算输了，也比你开餐厅亏得少呀。"

但西岚并没有选择放弃。她选择关闭其中一家生意较差的店，留下另一家，调整方向和菜式。

她说，她需要一份属于自己的事业，无论规模大小，无论赚钱多少，因为这是她和世界连接的唯一方式，她要让自己保有生存下去的能力。

这就是她给自己的方案 B。因为，如果不离开舒适圈，她就永远不会知道，自己还有一些什么样的能力。能力这东西，要真到上场时再来准备，就晚了。

也许有一天，方案 B，就变成了主方案。我们可以留下，但是，也要保有转身离开的能力，或许这就是所谓的安全感。

03

美国著名心理学家马斯洛说，"安全感是一种从恐惧和焦虑中脱离出来的自信、安全和自由的感觉。"

有的人在从小的养育过程当中，获得了足够多的爱、足够好的回应，这会让他们很有安全感，对人和关系，也能有足够的信任。

也有很多人没有这么幸运，他们在成长过程中，有各种各样的缺失。没有得到足够多的爱，没有得到足够好的回应，这便会让他们在后来的生活中很没有安全感，容易焦虑、紧张……

没有关系，如果没有成长过程得来的安全感，那么我们也可以成为滋养自己的那个人，给自己安全感。

安全感形成后并不是一成不变的，原本安全感满满的人，在遇到一次又一次生活的暴击之后，也会损耗他的安全感。而原本缺乏安全感的人，努力增加自己的能力，也是在增加自己的安全感。

有的人因为焦虑，所以想要控制生活当中的不可控因素。

因为外面有诱惑，所以要牢牢控制住老公；因为外面有危险，所以要牢牢控制住孩子。可到最后才发现，越想控制越失控，因为，真的安全感，是无法靠控制获得的。

正是这种想要控制的心态，成为很多问题滋生的根源。越想控制孩子让他听话，孩子反而越不听话；越想严密控制老公的行踪，老公反而越想往外跑。

要知道，担心是担心不完的，很多时候，担心也根本无济于事。

花开是有花期的，我们拥有一样东西，也是有时限的。

与其永远活在焦虑当中，不如享受当下。

任何东西，任何关系，都是如此。

跋：

什么是安全感？

是一纸婚书？还是爱人的拥抱？那些会恒久不变吗？可就连安全感本身，不也不是恒久不变的吗？

当你谈过一些恋爱便会知道，很多问题其实是没有答案的。男人的承诺会实现吗？你们会厮守一生吗？他会不会出轨？这都是一些傻问题，傻问题得到的承诺，时效性太短，兑现的可能性不高。而且，承诺常常没有人生长久。

既然如此，能爱的时候，尽力地去爱就是了。只要曾经有过那些动人的时刻，也就够了。

什么是安全感？在关系中，可以帅气地撂下一句，"面包我有，你给我爱情就好。"

这种底气，就是安全感。

心理学上，安全感是内心对稳定和安宁的需求。

一个人缺乏安全感，主要是因为自卑、害怕失去和敏感。

安全感只能自己给。

强大的自己是一方面，一个不能保证基本生活的人，很难获得安全感。

但也要有意识地去查看自己的情绪，看见自己的焦虑、难过来自哪里。

了解自己，不能从根本上解决问题，但会离平静和安心更近一步。

别让自卑毁了你

有时候，让人变丑的并非长相，而是那卑怯的神色。

01

"我这么丑，能找到他已经很不容易了。"

曲小溪是我们班最美的女孩，但也是那个最不自信的女孩。

她有一双水汪汪的大眼睛，可是每当大家夸她的时候，她都赶紧摇头："哪有啊？瞧我的眼袋明明那么大。"

她看不到自己美丽的眼睛，只看到了眼睛下方并不明显的眼袋。

她的笑容很美，却从不轻易展露。大家问她为什么不多笑笑的时候，她说："因为我的牙齿不好看。"

她的身材很好，前凸后翘还有一双大长腿，可她却从不展现出自己美好的身材，就连夏天，都是长衣长裤，问其原因，她说："我的皮肤不够白。"

这么美丽的女孩，好像活在套子里一般。

她的追求者甚众，甚至有不少我们心目中的"男神"级的人物。可她觉得自己配不上"男神"，觉得男神都是"定时炸弹"，怕这些追求者并不了解真实的她，觉得在他们了解之后一定会离开她。

所以，她选择了最不起眼的一个人。

她以为丑男安全。可没想到，丑男不光长得丑，还经常在外面拈花惹草。如此一来，她不仅眼睛受罪，且心灵受气。

我们都看不下去了，劝她分手，可当事人不要，她说，他会改的，她怕离开他之后，找不到比他更好的了。

身边人即便再着急，也无济于事，只能眼睁睁地看着她往火坑里跳。

毕业后，他们结婚了。因为她想用婚姻留住他。

可婚姻是更考验人的，如果在恋爱时就问题重重，又怎能指望通过婚姻改善关系呢？

果不其然，结婚后，对方变本加厉，甚至在曲小溪孕期内出轨，让曲小溪抓到了现行。这一次，她终于有了底线，离开了对方。

最后一次见曲小溪，是在同学聚会上，我们差一点没认出她来。

她胖了五十斤，原本宽松的长衣长裤紧紧地绷在她的身上，勒出了一圈一圈的肉，眼神中有说不出的倦意，完全没有了昔日的光。

再后来，只是在她熟悉的朋友那儿偶尔听到她的消息。

听说，她带着儿子，又投向了另一个"渣男"。

听说，她查出了乳腺癌。

听说，她治疗了一段时间后又复发了……

她没有再出现在同学聚会上，只是每次大家都会问起她的近况。每次一提起，大家都会叹息。

这个班上最美丽的女孩。

02

"过得这么苦，长这么美有什么用？"

听到曲小溪的境遇，只有一个人不屑一顾，觉得她是自找的。这个人，就是曲小溪的同桌。

她是另外一个极端。她的长相有点特别，下巴比常人略长，眼睛略小，嘴唇略厚，不难看，是老外眼中的名模脸。只是，当曲小溪的同桌，就会常常被人比较，想必中学时期并不好过。压抑了六年，毕业后她终于可以摆脱曲小溪的阴影。

同学聚会时，大家发现她完全变成另一个人。每次聚会时，她都会背着硕大 LOGO 的名牌包，放在显眼的位置，"瞧，这是 LV 的最新款包包！"她对各大名牌如数家珍：这一季最新款的包包是什么，今年最畅销的牌子是什么……总之，最新的流行时尚问她就对了。

看到其他女同学时，她都一脸嫌弃的表情："哟，这么老土的款式，你们居然还穿？有时间到我那去挑。"

聚会时，她一直不停地伸手摸耳朵，撩头发。我身边的好友与我小声耳语："她是想让我们看看，她戴了最新款的名表。"

席间，她一直在说某某局长和她特别熟，经常出双入对，以姐妹相称。没想到，桌上刚好有这个局长的闺蜜，这人并未声张，只默默地微信问了这个局长："你和这个人关系很好吗？"对方回了三个字："她是谁？"

很快，这件事成为同学间的笑话，只有当事人并不知情，只是，在她每次开始提起某姐妹的时候，大家脸上都浮现出心领神会的表情。

亦舒说过："真正有气质的淑女，从不炫耀她所拥有的一切，她不告诉人她读过什么书，去过什么地方，有多少件衣服，买过什么珠宝，因为她没有自卑感。"

她太急切地想要证明自己，却不知道用力过度的话，最终只剩一具浮夸的壳。

曲小溪和同桌，性格各异，但有一个共同点——不自信，只是她们的表现形式不一样。

在不自信的人中，有一类会贬低自己，另一类，会想要通过抬高自己的方式，来证明自己比别人好。

03

"听说需要 5000 次肯定才能获得自信，你还差几次？"

我问一个很优秀的朋友这个问题。在我心目中，我以为她已远远超过我了。

没想到，她却苦笑着摇摇头："大概还差 4500 次吧。"

这么优秀，依旧缺乏自信。

自信，是一个人对自己能力的信赖，我们要相信自己可以，相信自己值得。

武侠片当中刚刚学会一点花拳绣腿的小学徒，常常会到处亮出自己的兵器，炫耀自己学到了什么。但学了一段时间，修炼成了高手之后，反而会变得低调内敛，让一般人看不出他的修为，到了关键时刻才出招。

其实，真正有力量的人，如果他没有出声，你或许都感受不到他的存在，但只要他一开口，你就感受到他的能量。反而是内心缺乏力量的人，才需要不断地炫耀，"瞧，我多有能力。"

一个人自不自信，和外在是否优秀没有关系，而是源于你是否获得过足够多的肯定。而且，越在生命早期的夸奖，越重要。

我曾在课堂上让学生"夸夸你自己"，结果能夸得出口的学生寥寥无几。

还有学生吐槽："如果把题目改成'谈谈你的缺点'，我们可以写上三页纸！"

没想到，这些外表看似张扬的孩子，内心却是如此不自信。

事后我问过一些家长，"你夸过你的孩子吗？"很多家长回答道："怎么能夸呢？再夸他尾巴不就翘到天上去了？"

答案并不让人意外。这或许是中国家庭的通病吧。这些家长，从小也并未获得足够的肯定，只不过是把自己的成长模式传递下来罢了。

因为未获得过，所以也不懂得如何给予。如此便形成了恶性循环。

04

古龙曾说过这样一句话："在一个人自觉渺小而生出自卑情绪的时候，他的心情就会分外敏感，受不得一丝刺激，若他心中坦然，他就会知道人家这句话根本不是问他，更没有瞧不起他的意思。"

自不自信，其实是一种习惯性心理模式。

心理学家曾经做过一个实验，反复对想要逃脱的动物施以强烈的电击，后来，他即便不通电，这些动物也不再跑了，只是躺在那里等待着命运的降临。其实它们本可以跑，只是，已经放弃了。这在心理学上被称为"习得无助感"。

"习得无助感"同样会发生在人类身上。这种"习得无助感"会严重损害人的自信，把这种无能为力的感觉蔓延到生活的各个领域。

有的男生说，原本觉得校花很难追，不敢下手，没想到却常常被"渣男"追到。

其实，美女好不好追，要看对方的原生家庭是什么样的。如果说她从小受到的肯定越多，就越能跟自己的感觉连接，跟着自己的感觉，去找到自己适合的人。她喜欢就喜欢，不喜欢再追也没有用。

如果像曲小溪一样，从小得到的肯定很少，那么当你对她很好的时候，她就会比较容易被你感动。

只是，追是追到了，但你会发现，她并不好相处，在关系中也会过于敏感、脆弱，也就是我们常说的"作"，并非她大小姐脾气，恃宠而骄，而是她的低价值感作祟。

在积极心理学当中，感觉是尝试的基础，尝试是经验的基础，经验是能力的基础，能力是自信的基础。

所以，改变的开始，源于重新打开与感觉的连接。

其实，对于自我价值不足的人，想要培养自信，最好的方法就是制造机会，多去尝试。在做事的过程中获得成长，从而断开你的习得无助感，这样才会在一件一件具体的事情中得到认可，重新在一点一滴的肯定中滋长出自信。

你要相信，或许你不够好，但你每天都比昨天更好。

日子有功，自信会慢慢地传递到脸上，传递到肢体语言当中，长成你身上的一部分，绽放出动人的光彩。

奥地利心理学家阿德勒曾说："我们每个人都有不同程度的自卑感，因为我们都想让自己更优秀，让自己过更好的生活。"

但对于无法平衡自信和自卑的人来说，自卑是一种非常消极的情感体验。

自卑的人，一般会有以下几个特点：1.轻视自己；2.过于在意别人的看法和眼光；3.放大自我的缺点。

对于自卑的人，最基本的建议，就是关照自己的内心、尽量让自己不去和别人进行比较，这是你接受自己的第一步。

这里，对于自卑过于严重的人，推荐大家可以看一下阿德勒的《超越自卑》，也许可以给你的世界带来一束光。

你才是那张撕不掉的"名牌"

曾经以为，名牌是一个人身份和实力的象征。后来才知道，并非如此。

01

刚毕业开始工作的时候，有一次领导要带着我去开会，叮嘱我说对方是重要客户，让我稍微重视一点。

于是，我花了两个小时很费心地化了一个浓妆，搽了当时最时尚的绿眼影，画了浓黑的眼线，把睫毛卷得分外翘，还扫了娇俏的腮红，涂成火红的嘴唇。

我还穿上了当时能支付得起的最贵的名牌套装，拎上名牌包包，戴上珍珠项链和耳环，让自己看起来贵气十足，再喷了好几下"午夜飞行"，一公里以外都能闻得到。

我以为自己已经足够重视了，可老板看到我时，却皱了皱眉，半晌没说话，眼神还有一点嫌弃，好像在说，原本那个清秀的小姑娘怎么变成了这样？

等我见到对方的时候，才觉得惭愧。对方都是有了多年资历的专业人士，穿着并不显得十分昂贵，但极其简约、大方、有质感。女孩们化的都是若有若无的裸妆，喷的香水也十分淡雅，要离得很近，才有一缕若有似无的细香飘进鼻子里。

我至今都在为自己那天的装扮汗颜。那一天我才真正知道，昂贵并不是名牌堆砌出来的。

他们的力量都用在了我们看不到的地方，他们的气场不需要用名牌来堆砌。

原来这才是气场的最高境界。

02

罗振宇谈到文化资本时说到，我们正在进入一个谈资比名牌包还要贵的社会。比如说在一个聚会中，有两位女士。一位拿的包看上去挺一般，但是谈吐不俗；另一位女士的包一看就是名牌，但她更关心的是最新的娱乐八卦。

以前我们都会认为拎名牌包的人比较有社会地位，但现在社会主流开始更看重文化资本了。

你一定见过这样的女孩吧？

从头到脚一身名牌，就连她从你身边经过时飘过的气息也是某名牌标志性的香味，一开口就是最近大热的明星又出了什么新闻，一如当年的我。

你可以很热闹地跟她聊个十分钟，就再也无话可聊了，再聊下去也不过是她昨天吃过的菜、遇见的人、她男朋友说过的话……她会让你觉得，美是美，但没有灵魂。

我身边还有另一种朋友，她们坐在那里也许看起来平凡无奇，可只要一开口，马上自带光环。

她们不是没有钱，但是不会刻意地购买某个全部都是 LOGO 的包包，然后刻意地放在显眼的位置。如果她们选择，那是因为真的觉得好看、真的喜欢，而牌子，只是附属的价值而已。每次和她们聊天，我都非常有收获，觉得即便是一次简短的聊天，也是有营养的。

如果想要变成这样的人，需要你默默地看很多的书，上很多的课，不断地学习、转化。如此一来，知识才会慢慢地变成身体的一部分，供你自如运用。这也是我一直想要实现的目标。

当年刚毕业的我，苍白无力，以为名牌可以增加自己的身价，浓妆可以让自己看起来成熟，我用这些公认的名牌来显示，"瞧，我拥有的东西代表我，我也是一个名牌。"我希望通过名牌来得到别人的尊重和认可。我知道，这都是因为当时的自己不自信。

电视剧《我的前半生》中罗子君的着装都是名牌，姹紫嫣红，却完全没有原著的风采，遭亦舒迷集体吐槽。

亦舒笔下的女郎大多穿着白衬衫、卡其布裤、球鞋，戴着蚝式手表，不施脂粉或者只擦一点点口红，野性头发全盘脑后或梳一根马尾辫，衬出一张年轻精致晶莹的小面孔。这种简单而动人的美，不是名牌可以堆砌出来的。

这中间差别的，是自信。

03

朋友找了一个名牌男人，对方有好大学、好专业、好工作、好家庭……因为这样的名牌男人让她觉得很有自信。

"那你爱他吗？"我问她。

"他很好啊，是打着灯笼都找不着的名牌。"

我笑了笑，她并不知道自己要什么。

这个名牌的男人，并不好相处，除了名牌的身份，也有名牌的脾气。

高攀，总是让人觉得消受不起。名牌的伴侣、名牌的工作、名牌的房子、名牌的车子、名牌的包包……如果你选择他的原因不是因为爱，而是因为他可以增加你的自信，把自信寄托在别人身上，始终都是不稳定的。

所以，期待伴侣是名牌，不如把自己打造成一个名牌。把自信建立在别人身上，不如把自信建立在自己身上。

空想，并不能让你自信，想要在爱情上得到成功，要去体验爱情，想要在人际交往当中获得自信，要多走出家门与人交往。

如果你的金钱是有限的，那么与其要用名牌来包装自己的自信，不如投资到自己的身上，多看书、多旅行、多体验，增加自己的能力，让自己提升自信。

钱，花在名牌包上，你就成了一个名牌展示架，花在自己的体验上，你会发现，你所花的时间，所花的钱，都一点一点融入了你的身上，让你变成一张名牌。

法国社会学家布迪厄说："文化资本，就像肌肉发达的体格，或被太阳晒黑的皮肤，极费时间，而且必须由投资者亲力亲为才能获得。"这就是文化资本之所以值钱的地方。

就像竹子生长一样，一开始四年只长 3 厘米，在第五年开始，便以每天 30 厘米的速度疯狂地生长，仅仅用六周的时间就能长到 15 米的高度。其实，在前面的四年，竹子便将根在土壤里延伸。

文化资本总是能为后面的生长做好铺垫。不见得会马上看见效果，但日子有功，终会在身上雕刻出不一样的味道。

> 说完自卑，再说自信。

心理学上，拥有自信的前提，是对事物正确的认知与见解。试想，如果你经常出错、被人否定，是很难拥有自信的。

所以，获得自信最简单的方法，就是不断充实自己，让自己具备正确认知世界的智慧。

没有智慧的支撑，哪怕自信，也会被人认为是盲目自大的。

"我懂的道理不多，但我都做到了"

判断一个人当然不是看他的声明，而是看他的行动，不是看他自称如何如何，而是看他做些什么和实际上是怎样一个人。——恩格斯

01

你有没有被一些甜言蜜语迷倒的时候？

悦悦是我的一名来访者，身材、样貌、学历样样拿得出手，自己条件好，她自然也不想将就，况且一个人过得也挺逍遥自在的，所以，改变的动机并不太强烈，迟迟没有走进一段关系。

直到悦悦认识了王博，她才开始愿意迈出这一步。刚开始认识王博的时候，悦悦的内心是非常欣喜的。王博在国外读到了博士，天上飞的、地上跑的，他都能侃侃而谈，虽然不知道对不对，但是都能把悦悦唬得一愣一愣的。而且王博的声音非常有磁性，有如播音员一般悦耳，听得悦悦眼神里放出崇拜的光，像一个小粉丝一般。

而王博也被这崇拜的目光所打动，谁不喜欢被人崇拜呢？尤其是像悦悦这么可爱的女孩，才第二次见面，两人就确立了关系。

悦悦很开心地和我分享："他很幽默，很有趣，也很有学识，我们有说不完的话，他不高不帅，却有很好听的声音。原来我会沉迷于一个人的声音……"我看着她像小女孩一般开心，也在替她高兴。

可没多久，抱怨来了。

"他曾经承诺过的话从来都不做，答应我的事也都做不到，从来都只是说说而已。一次失望，两次失望……到最后真的就心如死灰了。现在我们天天吵架，这日子没法过了。"

"那你有想过下一步怎么办吗？"我问她。

"我知道我们不合适，也知道该分开，可就是没有办法放手。"

这类咨询者太多太多了。

很多女孩在其他事上都是个明白人，可遇到了"这个人"，却变成了玻璃心肝笨肚肠，总绕不出去。

身边所有人都劝她分手，她不是不知道。当一个人劝她分手，或许还会有失偏颇，可是两个人、三个人……身边的所有人都这么说，那一定是她自己的判断确实出现了问题。

我们的行为常常是由情感所驱动的。就算你明知道他是一个"渣男"，明知道你们不合适，但由于已经建立了情感连接，还是难以割舍。

人人都说得一口好道理，但是回到自己的人生时才知道，知道归知道，做又是另外一件事情。

02

悦悦已经记不得这是王博第几次认错了，大概有 100 次了吧。每次王博都说是最后一次，每次都说下次一定会改，每次都说得情真意切、天花乱坠，仿佛没有他不知道的道理。每次悦悦听他解释完，就又觉得好像事情也没有什么大不了的，于是一次又一次地原谅他。

就这样，案情一次一次重演，情况完全没有得到改善。

终于在第 101 次的时候，悦悦直接删了他所有的联系方式，不再给自己后悔的机会。

一段时间后，悦悦再次动心了，这一次她学乖了，说要先把男生带来给我看，再来决定。

这让我哭笑不得，她现在已经完全不相信自己的判断力了，我只有说，那就带他来参加心理沙龙吧，这样毫无违和感，他也会感觉自然。

这个新男友名叫阿旺，话不多，名字很朴实，人也很朴实。虽然他对心理学并没有太大的兴趣，但是因为悦悦感兴趣，所以，他也愿意每周抽三个晚上来陪悦悦一起参加。每次他都来得最早，帮老师摆好桌椅，每次又是最后一个帮老师收拾完才走，即便兴趣不高，他每一个环节也都认真地参与。

阿旺文化程度并不高，但是他把他知道的道理都转化到了自己的行为上，尊师重道、不迟到早退、有事多做一点……构成他简单质朴的人生信念。

他说："我懂的道理不多，但我都做到了。"

我想，我不需要多说什么，悦悦心中应该自有决定了。

过一段时间再见到悦悦时，她已经结婚了，脸上露出温暖的微笑。"我现在很幸福，是一种很有烟火气的快乐，阿旺是个很靠谱的好男人，跟他在一起很踏实，很安心。如果日子都过不好，会说再多大道理又有什么用呢？"

03

有意思的是，这个故事还有续集。

　　王博后来也来找我咨询了，他说，"其实，道理我都知道，我不是不想做，而就是做不到，我在说的时候是很认真地想去做的。"

　　我看着他的眼神，能感受到他确实是真实地在烦恼着，就像很多来咨询的来访者一样。

　　很多人在这么说起来的时候，会有一种轻松的感觉，就好像是，"喏，这是我的包袱，现在交给你了，你来帮我解决。"

　　"知道却做不到"这种想法会让人感到没有那么重的负罪感："这不是我的错，不是我不想做，而是任务太难了，我做不到。"所以才可以那么无辜又心安理得地说出来。

　　我们知道而做不到，其实有几种可能性。

　　首先，是"知道但未必认可"。比如王博，他知道很多的道理，但他也在用行为表明自己并不认可这些道理。

　　其次，是"或许认可，但觉得不值得，也不愿意付出这么大的代价"。

　　我们都知道，每天保持锻炼，使热量的支出超过摄入，长期下来，肯定是会瘦的。我们都知道，每天写作，写作能力总是会有进步的。可是，这些都需要付出时间和精力的代价，要放弃自己休闲的时间、谈恋爱的时间、和朋友吃吃喝喝的时间。

　　有朋友骑脚踏车环游全国，让我特别佩服，也觉得这一路上一定会有很多的见识，对我的毅力会有很大的帮助，只是，这太辛苦了，我不想付出这样的代价。

　　不是你做不到，只是你选择了不做。

　　还有一种情况是，不够痛。

　　很多人愿意做出改变，是因为没有办法再维持现状了。

　　有的人想赚钱，但是觉得目前日子还能过，多一点少一点差不了多少，那还是因为不够穷，当穷到一定程度，甚至穷到揭不开锅的时候，你的动力，肯定就会不一样。

你没有变化，皆因这种不舒服的感觉不够强烈，没有让你产生强烈的动机想要改变这个无能的自己，改变目前这种困窘的生活。

在心理咨询中也是一样，不是谁应该改变，谁就改变。而是谁痛苦，谁改变。这种不舒服的感觉是一个触动点，刺激我们开始行动。

所以，在你想说"道理我知道就是做不到"的时候，先停下来想一想。

想一想，你是不认可这个道理，还是因为不想付出这么大的代价？又或者是觉得现在还缺乏一点动力？找到根源，才能对症下药。

也许华丽的辞藻能让关系开始，但相处久了就会知道，再多的豪言壮语也比不上一个实实在在的行动。也许就是在一件件微不足道的小事中，一点一点地积累出稳固的关系。

在关系当中，每个人都需要成长，而对方是我们最好的镜子，让我们清晰地照见自己。我们也透过对方更加了解，自己到底适合什么样的人，适合什么样的方向，这大概就是亲密关系的意义吧。

如果你的精力一直被"不好"的人占据，如何还能有勇气和机会，去遇到更好的人？

在两性关系中，很多女生一直学不会的，就是断舍离。

断舍离，是一种生活态度，也是一种行为准则。

对于不适合自己、会给自己带来负累的物品和情感，都要敢于舍弃。

只有学会给生活"做减法"，生活才有可能变得轻松。

看见，你潜意识的咒语

你的潜意识指引着你的人生，而你却称其为命运。——荣格

01

世界上是有天生丽质这回事的。有的人美得让人自惭形秽，深深叹息，觉得造物主如此偏心。

刘娜就是这样一个美人，她眉目如画，身材高挑，每一处都美得刚刚好，多一分嫌多，少一分嫌少，还喜欢踩着高跟鞋，每次都惊艳出场，就连女人都想要多看她几眼。但她常说自己命不好。

她说的是感情。确实，多年来她一直为情所困。

刚毕业时，这么美的她，身边自然不缺追求者，她却从中选了一个不高不帅的人，对方什么都没有，就是有家庭、有老婆、有孩子，这让身边人都大跌眼镜，觉得无法理解。

很快，他们同居了，对方经常出差，这一次，他出差了半个月，

刘娜发现自己怀孕了。

他知道后很开心，说这次出差就是为了办离婚，双方都已经签字了。

多好，小三生涯快熬到头了，似乎看到了名正言顺的曙光。

只是，不知怎么的，刘娜却突然觉得厌倦了，瞬间对这个人没有感觉了，没有等到他回来，便默默搬离了他们同居的公寓，独自去医院做了人流。

手术后刘娜没休息好，妇科病随之而来，一直反复发作，脸色一直苍白憔悴。尽管如此，她身边依旧有不少追求者，并不缺乏未婚的、靠谱的男士，只是，她对他们一点感觉都没有，连话都不愿意说。

每次吸引她的，毫无例外的都是已婚人士。一样的角色，一样的套路，都说会离婚，都说已经在办了，结果一拖再拖。

对她而言，那些纠结在离与不离之间的男人独具魅力。整整十年，她的青春都耗在了一个又一个已婚男人身上。而更匪夷所思的是，一旦对方真的离了婚，她就立刻搬离原来的地方，从此避而不见。她每次都说不要谈恋爱了，要离这些男人远一点，可是命运好像轮回似的，一次次地重复。

这一次，她又认识了一个已婚男，他也承诺会离婚，但有前提，他们家三代单传，现任没有生出儿子，如果她能生个儿子，他就和现任离婚，和她结婚。

这样的要求，她居然也答应了，可备孕了一年，肚子完全没有动静。直到去医院检查的时候才知道，之前手术的后遗症并未根除，导致她成功受孕的概率极低。

于是，她开始四处寻医，吃各种药调理。再次见到她时，因为长期吃药，身体胖了一圈，完全看不出当年惊艳的影子了。

唯一相同的是，她还是喜欢穿超过 10 厘米的高跟鞋。看着她颤颤悠悠地踩在高跟鞋上，莫名感到心酸，为她，也为那双鞋。

她问："我是不是有病呀？为什么都只对已婚男有感觉？为什么一直这样循环，放着好男人不选，每次都选中'渣男'？"

是啊，为什么她明明拿着一手好牌，却输得一败涂地？

为什么她放着自己的主题曲不弹，偏偏要去当别人的插曲？

02

在心理学上有一个"冰山理论"。

我们的意识只占所有心理活动的 3% 到 5%，这是在冰山上能看见的部分。在底下，还有 95% 到 97% 没有显示出来的部分，也是我们意识不到的部分，被称为潜意识和无意识。

潜意识看不见，但它就像一只无形的手，在控制着我们的生活。我们有时候不知道我们为什么会这么选、为什么会这么做……其实都是受潜意识的影响。

当你意识不到你的潜意识时，有时候你会称它为"命运"。

刘娜为什么对已婚男格外沉迷，这要从她的童年说起。她从小在一个单亲家庭长大，3 岁时父亲因出轨而离开了她们母女。从小到大，母亲一直在她耳边念叨，"不要相信男人""男人没有一个好东西""男人都像你爸这样"……这些话就像咒语一般，一直萦绕在她的脑海里。

于是，她的眼里再也看不到好男人，看到的都是像她父亲一样的，有了家庭还要出轨的男人。这些男人在离婚前，对她都是极有吸引力的，她愿意为某个男人放弃尊严，低到尘埃里，但一旦这个男人离婚了，就马上失去了魅力，变回一个油腻的中年男子。

不是世界上没有好男人，而是她的筛选系统有问题。

的确，萝卜青菜各有所爱，但是当你的标准有问题的时候，是不会遇到好人的。

她的筛子完美地把好男人都漏了出去，而留下有家庭、有孩子而又出轨的男人，和她父亲一样。

她妈妈把"男人没有一个好东西""男人都会出轨"这样的咒语，植入她的潜意识当中。而她则用行为去验证这个咒语，把事情朝这个方向去推动。

瞧，果然，咒语验证了，"男人没有一个好东西。"

她成功地勾画出了潜意识中的世界，并深陷其中。

03

你，是不是也听过一些咒语呢？

"你很丑""你好笨""你怎么什么都做不好？"……

这些咒语慢慢内化，在潜意识中变成你的自我认知，成为你信念的一部分。

"我丑""我笨""我什么都做不好"……我们被夜以继日地催眠，让自己也深信不疑。

这些信念潜移默化地指导着你的行为，寻找着验证的时机。日子有功，咒语终于成真了。

这些咒语让我们屏蔽了自己的感受，跟感觉断开了连接，可那些被我们屏蔽的感受，却是连接潜意识最珍贵的使者，是我们和潜意识沟通的途径。

当内心感受被忽视，沟通途径被截断，那个咒语便会一直跟随着你，你会不知不觉地接受它，用生命来验证它，而又称之为"命运"。

荣格说，"当潜意识被呈现，命运就被改写了。"

想要打破这些咒语，需要回到自己的感受，倾听你的喜悦、悲伤、愤怒、嫉妒、攻击性……每一点细微的感觉，都传递着潜意识的信号。

当你学会面对自己内心真正的感受，学着为自己的感受命名，为莫名的情绪找一个出口时，潜意识便会慢慢呈现出来。

04

有这样一个故事，一个年轻的巫师，拥有把黑暗力量召唤出来的力量，可他能力有限，只会召出来，却没有办法收回去。于是，这股黑暗的力量便一直萦绕在他的身旁，如影随形，有时还会变化成他的样子，做各种各样的坏事。

他一筹莫展，非常苦恼。

一天，这位巫师突然想起了一个传说，要制服这股黑暗力量，必须要找到它的名字，正确地喊出来。

可这股力量的名字到底是什么？他四处寻找着，打听着，还是徒劳无功。

有一天，他被这股黑暗力量追到了悬崖，实在走投无路，没有办法，他只有转过身来，悲愤地大喊自己的名字。原本只是绝望的呐喊，没想到，黑影竟然消失了。

所以，当你不再逃避，转身面对的时候，黑影就会失去魔力，不再如影随形。

而你，将重获自由，成为掌握自己命运的人。

> 心理暗示，是一种最简单的心理机制，它是一种被主观意愿肯定的假设。
>
> 人都会受到心理暗示。
>
> 心理暗示的作用，可以是积极的，也可以是消极的。
>
> 积极的心理暗示，可以帮助被暗示者稳定情绪、树立自信心及战胜困难和挫折的勇气；消极的心理暗示，却能对被暗示者造

成不良的影响。

积极的心理暗示，进入潜意识，会带来积极的转变。

如果想改变当下的不如意，就要去运用积极暗示的心理力量。你会发现，生活和工作并没有我们想象的那么难。

别让面具绑架了真实的你

我无意放大世界的善意，也无意放大世界的恶意，只是依照比例，老实地接收有晴有雨的天气；世界与我，互相而已。——蔡康永

01

认识红林的人，都会觉得她是一个风风火火的女子，爽朗而不失幽默，内心强大，自己也能把日子过得很好。可稍微了解她的人就会知道，其实她的内在是一个很柔软，很弱小，很没有主见的孩子。

"如果用三个形容词来形容我，你会用哪三个形容词？"红林问朋友。

"霸气，讲义气，女汉子。"朋友不假思索地回答。

这让红林大翻白眼。"我在你心目中就这样啊。"

她不是没有桃花，只是，常常招来一些错误的人。

红林抱怨道："不知道为什么，我招来的净是一些娘的、弱的，

天天捧着'玻璃心'的男生。真的，他们喜欢我什么？我改还不行吗？"

"那你想要找什么样的人呢？"

"我想找一个我可以崇拜的、强大的、有力量的、能够拖着我一起向前走的人。"

"可你这副'女汉子'的盔甲释放出来的信号是'我很强，老娘无所畏惧'，那么吸引来的，自然就是弱的、想你拖着他向前走的人呀！当你释放出来的信号不对，你就会吸引一些错误的人，想吸引强大的人，你就要释放出你柔软的信息，让他们看见真实的你，不要被你强悍的外表所蒙蔽，感受到你可爱又柔软的内在。"

红林点头，似有所悟。

"那我该怎么做呢？"

"柔能克刚。"

她似懂非懂地点了点头。

一段时间后，我很惊喜地发现，红林变得柔软了，浑身散发出迷人的女性特质，渐渐地，身边也开始出现内心强大、可以保护她的男生了。

长久地戴着面具是很累的，只是，这副面具好像长到了身上，成了自然而然的反应，忘了真实的自己到底是什么样子了。可当你开始打开一点缝隙，看似强硬的面具就会慢慢松动下来。

02

幽默的人会把欢笑带给大家，有丽丽在的地方，永远不会担心冷场。

丽丽是我某一期培训班中的学生。她在人群中特别显眼，风趣幽默，是一个典型的段子手，每次开口举手投足都是戏，有她在，完全不怕调动不起气氛，她也因此被大家选为班长。

课程结束后，她来找我私聊，说自己外表看似快乐，但其实内心非常忧郁，经常失眠，对生活已经没有感觉了，觉得自己心理有问题，问我该怎么办。

原来看似快乐的她，也并非真的快乐，只是戴着一个快乐的面具而已。她很敏感，能迅速抓住别人的需求，但也很容易捕捉到不快乐的信息，在内心积累发酵。

这样的症状，严重点会被称为"微笑型抑郁"，这样的人内心很压抑，却若无其事地面带微笑，为自己的压抑蒙上了一层微笑的面纱。

我问她："为什么，你在说这么悲伤的事情的时候，脸上还是带着笑容？"

她笑着摸摸脸说，"习惯了，微笑就好像挂在脸上的面具一般，我都快忘记自己真实的心情是什么样了。"

只有她知道，在这微笑的面具背后，是深深的孤寂。

03

简单来说，人格面具，就是一个人愿意公开展示的一面。

其实有面具并不是坏事。合适的面具可以给人一个好的印象，以得到社会的承认，能够毫无违和感地与各种人，甚至不喜欢的人和睦相处。

无可否认，人格面具存在有其必要性，如果人们一直都用柔软而毫无主见的部分来应付生活中的人与事，是会很容易受到伤害的。只是，如果一个人过分地热衷和沉湎于自己扮演的角色，人格的其他方面就会受到压抑。

"人格面具"戴得太久，会长成我们身上的一部分，卸不下来，逐渐忘了自己原本的样子。而且长期压抑自己真实的情绪，情绪积累到一定程度的时候，便会出现反弹，导致内分泌系统和免疫力系统的问题。

这样的例子屡见不鲜，某综艺节目曾对明星进行了一次心理测试，没想到在众多明星中心理状况最令人担忧的，竟然是永远在镜头面前搞笑、搞怪的薛某某。

心理医生说，这个"段子手"，经常压抑着自己情绪，用搞笑来掩盖自己内心的伤痛。薛某某也坦言，自己曾经出现过自暴自弃的想法。

像乔某某也是如此，在人前表现得如此开朗，如此幽默，但在面具的背后却隐藏着那么深的抑郁，正是无法承受的这份痛苦，让生命如流星般陨落。

面对这些问题，我们可以向外界寻求帮助，去寻找好的倾听者，专业的咨询师，心理治疗当中有很多的方法可以应对，比如空椅技术、催眠……这些方法都可以让不同的自我相遇，通过对话，让"自我"们达成共识。

只是，方法归方法，其实最好的治疗无关技术，而是允许、接纳、理解。

告诉自己，我们的任何情绪都是会被得到理解、允许和接纳的。去觉察自己的内在感受，完全地接纳自己真实的情绪，我们就可以成为自己的力量。

面具很重要，但不被面具绑架而忘了自我真实的样子，更重要。

其实，在这世间，你无须美化或夸大，无须讨好全世界的人，也无须一直嘴角上扬，只需允许自己如实地反馈即可。

我们无法抗拒成长，所能做的只有允许和接纳，这个领悟的过程，或许就是成长吧。

社会心理学上，有一个概念，叫社会焦点效应，是指人们往往把自己看作一切的中心，高估周围人对自己外表和行为的关注程度。用咱们平时的话说，就是太把自己当回事。

但实际上，注意你的，只有你自己。

深呼吸，放下"别人都在关注我"的意识，你是不是就会轻松很多？

邂逅更好的自己

如果只看合乎自己口味的书，那你永远只能知道你已经知道的事情。——蔡康永

01

"如果没有出来，我永远不知道自己还能达到什么样的程度。"

丽梅是一名高校的讲师，一直给我们感觉就是闲。

她的课不多，也不需要坐班，每周只要到学校 3 次，很轻松，她也这样混了好几年。她上课的口碑还不错，学生给的评价都是中上。她偶尔也会在外面接一些课，反正，随便上上，对她来说生活没有什么损失，锦上添花而已。闲来无事时，就呼朋唤友、吃吃喝喝，这样的生活让我们羡慕不已。

这样舒服的日子过了几年，后来，因为人事方面的斗争，前领导离开了，换了一个毫无经验却架子颇大的新领导。此时，她的前领导

召唤她，"跟我一起来创业吧，我们一起把这件事情做大。"丽梅与前领导有工作上的默契，况且，她知道再侍候一个新领导也并不容易。

有时候，选择未必是主动的，而是被逼到墙角，不得不做出的选择。她不想变化，但是在那个时候，或许只有变化是最好的选择，或许出去看看也是好的。

于是她选择了离开学校，出来创业。

有一段时间没有她的消息了，再次看到她的时候，她神采飞扬，精神奕奕。虽然，现在的生活并没有在学校时惬意，但她的状态看起来却好极了。

原本的她，一直给人一种沉重、慵懒的感觉，但是现在的她，眼神变得灵动起来，表情变得丰富了，穿着变得时尚了，充满了魅力，整个人都不一样了，现在的她，自带光芒。

我问她："离开稳定的学校，你后悔吗？"

她笑笑："后悔，当然后悔。"

她接着说："我后悔没有早一点出来，在那浪费了那么长时间。如果早一点出来，能干多少事呀？或许早就不是现在这样了。"

"在刚开始的时候，我真怀念在学校时的舒服日子，但如果不出来，就永远不会知道，自己还有这么大的潜力，现在，找我上课的机构非常多，在各个机构都是头牌训练师，再难搞定的学生、再难搞定的班对我来说都是小菜一碟。"

"原来的我特别害怕变化，现在的我却很喜欢挑战，有什么尽管来就是了。"

原本的她，就像是一条在美丽的鱼缸里面慢悠悠地游着、等着投喂的金鱼，没有一点朝气，而现在的她，就像是在海洋里自由翱翔、反应快速的一条灵动的热带鱼。虽然不知道前路如何，但是，她越来越能应对未知的变化。

02

现在流行说撕裂般成长，这是一个很形象的词。就好像女孩第一次成为女人，女人第一次成为母亲，每一次撕裂中的蜕变，都会让我们到了另一个境界。

有一位朋友的故事，在现实生活中挺常见的。

刚开始的时候，她的丈夫对她说，你在家好好当太太吧，我养你。于是她辞去工作，修身养性，弹弹古筝、学习茶艺、逛逛街……日子过得惬意极了。

可是这样清闲的日子，没过几年，就传来了外遇的风声。外头那个想要名分，于是找上了门来。她向来心高气傲，是"我和谁都不争，和谁争我都不屑"的典型，没有过多的纠缠，就退出了那场她瞧不上的战争。

别看她这几年过的都是吃吃喝喝逛逛的日子，当年她可是艺术系的高才生。离婚后，她拾起学业，又去进修了形象设计和色彩搭配。凭着独特的美学品位，她成了最近非常时兴的形象设计师，找她逛一次街挑选衣服，都需要 1980 元。

花瓶没有攻击性，生龙活虎才最有魅力。现在的她从原来的佛系妇女变得活色生香，又美又时尚，能力强还经济独立，身边的追求者比结婚前还多。原来，"离婚会贬值"这种话只是针对那些不会自我增值的女人而已。

当她一开始被推出家庭，一步一步脱离自己的舒适圈，去适应变化时，痛不痛呢？一定是很痛的，但这种撕裂般的成长带来的变化，不可估量。

现在的她更加地确信知道自己要什么，知道自己能做什么。面对变化，她一点都不害怕。是变化，让我们更加了解自己的能力。

在最近的咨询个案当中，很多人会说这样一句话："我害怕自己跟不上时代的变化了。"来访者因为家庭、因为爱情从一线城市回到了三线城市，有车有房，生活悠闲，可是她们很焦虑，担心自己过得这么悠闲，会不会被那些在高度竞争碾轧下撕裂般成长的朋友甩在身后，被这个社会淘汰。

的确，现在时代变化得这么快，如果说一直安于现状，那么会被淘汰是迟早的事情。当然不是说让我们期待变故，而是在变故来临之前，我们可以准备好适应变化的能力，或者，在变化还没有来临之前，我们感到懈怠的时候，找到持续自我成长的渠道。

03

Comfort zone，也就是人们熟知的"心理舒适圈"。舒适圈就是指身边的人和事都符合了人们的常规模式，能最大限度地减免压力和风险的行为空间。

通常一个人生活在自己熟悉的圈子里，习惯做自己熟悉的事情，会感到轻松自在。如果超过这个圈的范围，面对不熟悉的人和事，和从未体验过的变化和挑战，就会感到焦虑、不安，甚至恐惧。

舒适，其实用"习惯"来理解会更好。每个人都有自己习惯的一种心理模式。它来源于早年的亲密关系，然后内化到你的潜意识里。

习惯就像一张无形的手，想要走出心理舒适圈，走出那个熟悉的模式，就像要挣脱这只手一样，有惯性、有牵绊。

我们害怕未知，因为，已知再痛苦，那也是在我们可以预见的范围之内的。我们习惯了，我们已经有了心理准备，我们已经跟它磨合出了一种共存方式。而走向未知，我们不知道事情会如何发展，或许超出我们的控制，这种失控的焦虑，让我们无法提起脚步向前迈进。

我们宁愿待在原本的心理舒适圈中，忍受。

直到有一天忍无可忍或者是外力推了我们一把时，我们才会试着跨出一步。可就是这一步会让我们发现，我们成长了。

奇妙的是，当你发生改变后，你会发现身边的人也在跟着改变。因为，你同时也是对方的一面镜子，对方也会从你身上感受到爱和包容，进而认识、接纳自己的一面，他们也因你的成长而成长。

如此一来，生活又重新建立起稳定和平衡的状态，建立了一个新的、更大的心理舒适区。

04

我们跨出舒适圈，去找寻新的平衡的过程，就叫做学习。

当然，如果你说找不到自己的兴趣爱好是什么，也没有什么想要学的，可以试试下面的两个小方法。

1. 打开眼界，增加体验

眼界的大小决定了你的世界大小。我们遇到什么新事物的时候，常常第一反应就是不要，也会因此错失了很多尝试的机会。

所以，试着不要马上就说"不"，试着增加自己的体验。

去做一些自己原来不会做的事，见一些平常不常见的人，看一些平常不会看的书，听一些平常不会听的歌和走一条平常不会走的路，慢慢地，你会找到其中的趣味。

你会发现你的舒适圈的边界正在慢慢扩大。

2. 将你想做的事情罗列成清单

问问自己，你有什么想做的事吗？如果你知道自己的生命快结束了，你会做一些什么事情呢？

去西藏？学跳舞？还是想帅气地活着？……

有部影片叫《遗愿清单》，两位老人在知道自己将不久于人世之后，列出了人生中最后想要去做的事情，然后用人生最后的时间，一件一件地去完成那些看似疯狂的构想。

但其实我们完全不需要到生命的最后才开始罗列清单，你现在就可以列下这张清单，然后逐渐去实现它。

当你把它写下来的时候，潜意识就被意识化了。也许你没有刻意做什么，就能这样不知不觉地实现了它。

生命在于体验，我们可以平凡，但是不能平庸。

很多时候，我们去做的事情，或许不会马上见效，但日子有功，当我们一点一点地去沉淀，便会慢慢地接近我们所期待的样子。

希望你能获得越来越有趣的人生，邂逅更好的自己。

19世纪末，美国一位心理学家做了著名的青蛙实验：如果把青蛙丢进沸水里，那么青蛙会立即跳出水面；如果把青蛙放到有水的锅里，水温慢慢变暖，青蛙会在习惯舒适的温度后，失去逃跑的机会。

这就是所谓"舒适区"的危险。

如今，也有不必跳出舒适区、扩大舒适区的说法，就是不一定非要自己找苦吃，可以拓展自己擅长领域的区域。

但殊途同归，无论哪一种说法，最终的结论，就是不要过一成不变的生活、要有危机意识。不然，都很难逃脱被淘汰、被抛弃的危险。

双性化时代

01

常常羡慕这样的女孩：她们说话柔软无力，让人心生怜惜，银铃般的娇俏笑声，犹如化骨神功，听得人骨头都酥了。看到蟑螂，花容失色，惊叫不已，叫声的惨烈程度，往往比蟑螂本身还吓人。

秋怡，就是这样一个娇滴滴的小公主，身边追求者甚众。只要微微一皱眉，马上就有"观音兵"嘘寒问暖，为她服务。

而我，是另一个极端。女汉子一枚，事事自己动手。自己换灯泡、修水管、装自行车、换轮胎、各种搬搬抬抬……感觉自己已经荣升为一个汉子了。身为汉子，自然而然地就把身边所有的异性都变成哥们儿。

偶尔也会羡慕秋怡，能化着美美的妆，十指不沾阳春水，多好。

所以，我偶尔也会装装柔弱，看见蟑螂时，故作惊恐状："蟑螂，好可怕，吓死老娘了。"结果一开口就露了馅。偶尔发出银铃一般的笑声，老友就马上吐槽："哪里来的妖怪？"

一位追求过我的男性朋友说："女汉子很好啊，相处轻松简单。"可他的前任，就是一个嗲到让人骨头都酥了的女生。男人说的和最后选的往往不是一回事。

可他这回似乎是认真的，很认真地展开了追求攻势。我纳闷道："你不是喜欢那种嗲嗲的女生吗？老娘可不是。"

"和太柔弱的女生在一起，开始还挺有成就感的。可时间长了，也会让人觉得累。现在流行'行为女性化，思维男性化'的女生。"

突然觉得这个比喻很妙。

虽然最后，我们没有在一起。不过，他确实选择了一个女汉子做下一任。

或许，是风向转了。

02

甲：温柔、细心、敏感。

乙：急躁、粗心、迟钝。

你能猜出他们的性别吗？

或许很多人都会猜是女性，而乙则是初出茅庐的毛头小伙吧！

这回你猜错了，甲是男生，而乙是女生。

虽是男性，却有着女性的温柔妩媚，身为女性，也洒脱帅气不输男性。就像太极中的两极，阴中有阳，阳中有阴。在心理学上称为双性化。

简单来说，性别角色类型一共可以分为四类：

1. 雄性化（雄性化气质强，雌性化气质不强）

2. 雌性化（雄性化气质不强，雌性化气质强）

3. 双性化（雄性化、雌性化气质都强）

4. 未分化（雄性化、雌性化气质都不强）

心理学家曾对两千多名儿童进行调查，发现双性化比其他三种类型更受欢迎。

太过男性化的男孩和太过女性化的女孩，智力、体育、个性发展普遍不够全面，而那些刚柔兼具的孩子大多文、智、体全面发展，而且更受老师同学喜爱。

兼具"双性化"个性特征的人在社会上能适应得更好，而且更受欢迎。而这两个维度并不是对立和矛盾的。一个对社会适应良好的人，是可以在女性化和男性化这两个维度灵活自如地切换的。

而最稳定的婚姻，则是夫妻双方都具有"双性化"特征的组合。或许是因为双性化的人更敏锐，更有觉察力，更善于表达自己的情绪，同时也具备完成一件事情的果敢、决绝和魄力，这在家庭生活当中是非常加分的因素。

03

《红楼梦》中的林妹妹是女性化的典型，她敏感多疑、弱不禁风、多愁善感，多少有些难伺候。在小说当中，这一典型显得格外凄美动人，可是到了现实生活当中，恐怕会适应不良。

而从小当男孩养大的凤姐，一副"玻璃心肝水晶肚肠"，做事魄力十足、面面俱到，这等人物若到现代，可是个不可多得的管理人才。

宝玉也是"双性化"的典型，从小在脂粉堆中打转，虽然性格乖张，却把女性当成水做的，温柔细心、关怀备至，可是现在最流行的一款"暖男"。

而"中性化"是另外一回事，"中性化"又被称为"未分化"，性别特点模糊，男性气质和女性气质都不显著。

　　上学时，老师就曾说，一个好的心理咨询师，常常是双性化的代表，如果你是男咨询师，需要更加柔软、敏感、细腻……如此可以更好地觉察到来访者的情绪，可以去理解他的情感，与他共情，同时也能把自己的感受表达出来。如果你是一个女咨询师，那么需要你具有女性的柔软敏感的同时，也具备果断和力量，这也是给来访者的一个很好的示范，你有力量处理好自己的问题和接纳来访者的问题。

　　毕业后，我曾接待过不少心理学大师，发现虽然心理咨询行业从业者女性比较多，但是大师却是男性更多，而且他们都略带有一些阴柔的气质，有力量但也足够柔软，敏感又善于倾听，让人觉得很容易亲近，具备感性的同时，也擅长逻辑分析，也是双性化的典型代表。

　　柏拉图说过一个古希腊的神话。

　　初时，人是一个球形的，一半男，一半女，背靠背贴合在一起，力量之大，让宙斯都开始担心，于是，把他们劈成了两半。

　　纯阳的部分，太过刚烈，纯阴的部分，太过阴柔，失去彼此之后，都不够完整。

　　柏拉图说："人本来是雌雄同体的，我们终其一生，都在寻找另一半。"

　　如果我们都找到另一面，林黛玉遇事不只会掉眼泪，不光柔媚还独立有担当，张飞不光刚烈霸气，偶尔也露出一丝似水柔情，那会有多动人。

　　跋：

　　娇滴滴的秋怡在当妈之后也变了。

原本，手不能提、肩不能抬的她，居然背着 50 斤的孩子，脚踩 10 厘米的高跟鞋，逛了几个小时的街。

原本，看到蟑螂大惊失色的她，现在看到蟑螂，竟能默默地直接用手拍死，没错，是用手，我简直不敢相信自己的眼睛。

"你现在怎么变得这么豪迈？"

秋怡摊摊手，"没办法，婚后不比当初，没有观众，看到蟑螂，尖叫有什么用？只会吓到孩子，到头来还不是自己面对？既然如此，不如就默默收拾了，省下那尖叫的精力，留作其它。"

原来，另一面一直都在，只是蕴藏在我们的身体里，静待开发。

心理双性化的概念，是美国心理学家贝姆提出的。

典型的心理双性化的人，能更自由地表现出男性化和女性化的行为，因而更具有灵活性和适应性。

实验证明，双性化特质的人更容易活得快乐，因为他们不会压抑自己的两种人格特质，同时更容易与异性相处，并能在各种情景中取得成功——这也是人类适应社会的一种表现。

辨别是非的能力

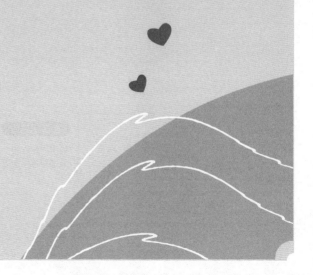

谢谢你，嫌弃我

01

如果你不是鲁迅的粉丝，那么你可能不会留意到《伤逝》。那是一个悲伤的爱情故事。

故事的女主人公叫子君，男主人公叫涓生，子君和涓生都是新青年，向往着挣脱束缚，自由恋爱的生活。

他们通过种种努力，终于突破了禁锢，真的建立起了小家庭。可没多久，涓生发现，原本那个思想解放的进步女青年变得平庸了。子君天天围绕着柴米油盐，谈的都是鸡毛蒜皮的事情，变得和普通的家庭妇女一般无二，在日复一日的婚姻生活中，渐渐变得庸俗而无趣。

"子君竟胖了起来……管了家务连谈天的工夫也没有，何况读书和散步。"

"子君的功业，仿佛就完全建立在这吃饭中……她似乎将先前所知道的全部忘掉了。"

"子君的见识却似乎只是浅薄起来。"

渐渐地，涓生开始嫌弃起这个黯然失色的子君，想要躲开她，于是，他向子君提出了分手。

子君黯然离开，没多久就离开了人世。

这是鲁迅写的唯一一个爱情故事，也是一个女性被嫌弃的悲剧。

02

或许大家会觉得这个名字有点眼熟，没错，亦舒是一个鲁迅粉。

亦舒在《我的前半生》中，决心要给子君一个新的命运。不过，亦舒书里的子君和电视剧版本中的子君截然不同。

如果大家留意看《我的前半生》这本书，就会发现里面有一个情节，子君读了《伤逝》之后，叹了一口气说，"那是以前的子君，现在的子君不一样，没有涓生，也可以生存。"

亦舒笔下的罗子君不一样，即便是离了婚，也不吵不闹地接受了现实，不动声色地自食其力，一转眼又找到了更好的男人。

花瓶不可怕，可怕的是生龙活虎。

子君找到生龙活虎的自己，离开了涓生，一样可以过得很好。

和电视剧中的罗子君不一样，书中的罗子君对爱情，并没有不切实际的期待，也不会依靠任何人，去改变自己的人生。对前夫，她也不会有任何拖泥带水的关系。因为，不需要。

"我并没有向他耀武扬威今日的'成就'，报复？最佳的报复不是仇恨，而是打心底发出的冷淡，干吗花力气去恨一个不相干的人？过去的事不必再提。"

这一次，轮到子君嫌弃涓生了。

03

为什么会被嫌弃？

因为，你们不同步了，或者说，他觉得你们不配了。

有没有发现，人有喜欢配套的倾向。

比如说，今年流行短发，很多女生就把原来看起来温柔而女性化的长发，剪成个性时尚的短发。头发短了，就觉得耳朵上光秃秃的，于是就去挑一些夸张的耳环，买了耳环之后，突然觉得脖子上也空空的，又挑了几条项链。初步有了时尚的雏形了，这时候便开始觉得原来的衣服都太女性化了，原来的鞋子那么平庸，包包那么普通，完全不搭调，统统不顺眼，全部都要换换换。而这一切，都是从换了一个发型开始的……

好友岚岚最近就践行了这么一个配套的过程。从她生日的时候收到了一个GUCCI的包包起，岚岚就开始走上了一条名牌的不归路。你想，拎GUCCI包包又怎能穿着三四十块的地摊货？于是她开始购置起CHANEL的套装，用起Dior的化妆品来，可是，调子已经起得这么高了，又怎么忍心去挤公车？于是又咬咬牙买了辆Mini。再见到她时，她摊摊手说道："现在好了，钱花完了，人也装修完了，就差找个配得起的男人了。"

岚岚把这称为一个GUCCI引发的"惨案"。其实，岚岚并不算极端的例子，在法国有一位叫丹尼斯·狄德罗的仁兄，朋友送了他一件睡袍，他非常喜欢，可是觉得和家里的感觉不配，于是换了家具、换了地毯……重新装修了一遍，终于和这件睡衣相配。

这种拥有一件新物品时，不断地配置和它相配的新物品的心理倾向，被称为"狄德罗效应"，又叫"配套效应"。

04

"配套效应"其实无处不在。

中学时，你有没有曾经默默喜欢过一个人？

他学习又好，打篮球又帅，一颦一笑都吸引着你。就像让你仰望的神，全身散发金光，你觉得自己完全配不上他，默默看他一眼就已经满心欢喜了。

等到大学毕业几年后，中学同学再聚会时，你突然发现，他变了，他怎么变得这么俗，大腹便便，言语无趣，完全没有当年的光芒了，这真的是你当年喜欢的人吗？

你觉得他没有原来那么好了，已不是当年的神了。你长吁了一口气。幸好，没有人知道你曾经喜欢他。

很多恋人分手，常常用到的理由是，大家的步伐不一致了，看到的世界不一样了，渐行渐远，越来越淡，终于没有任何交集，于是分手了。

或许，他并没有变差，只是你变得更好了，又或是他的速度没有你快……

当一个人开始嫌弃你，你做什么都是错。

当你们的频道不对了，脚步不一致了，天天朝夕相处，嫌弃的表情会无意识地泄露出来，想掩饰都没有办法。当你们距离太远，连沟通都需要吆喝才能听得见。

时间久了，大家都会累。不同步，慢慢变成了不同路。

开始的时候，大家的境地都差不多，渐渐地，涓生觉得子君配不上他了，于是找到一个自己认为相配的人，只是，他没有想到，子君会成长得这么快，有一天，会轮到子君嫌弃他。

张小娴说："男人的嫌弃是无义，女人的嫌弃是醒悟。"

最重要的是，在别人嫌弃你之前，你先别急着自己放弃了自己。

如若有一天被人嫌弃，那么就别浪费时间哭诉了，抓紧时间努力成长就是了。

很多女性，会在婚恋关系中，产生一种"托付心态"，简单说就是感觉自己找到了靠山，从此把所有责任都交给了对方，自己开始享受幸福、安于现状、不思进取。

但与此同时，很多婚姻关系的破裂，都是因为其中一方满足于现状、停滞不前，造成两个人的差距越来越大，形成难以逾越的鸿沟，最终造成分离。

《人性的弱点》告诉我们：提升自己，才能让自己摆脱不幸。

能够长久的婚恋关系，也一定是双方有共同的目标，且能共同前行。

婚恋中最好的心态，也是愿意互相支持、互相滋养、互相激励，共同成长。

真正爱你的人，不会把你宠成怪物

当一段爱情并没有让你成长的可能，你就该离开它。——卡尔·罗杰斯

01

一般女孩都会羡慕"别人家"的男朋友，瞧，别人家的男朋友多体贴，多细心，多周到……

我们这一票女老师眼里的"别人"就是同事高敏，她有一个特别体贴周到的男朋友韩庭。

只要是高敏的事，事无巨细他都一手包办，家里的所有家务都是他来做，连高敏的课件有时都是他设计的，只差没有帮高敏上台讲课了。

大学老师工作在一般人看起来很清闲，但是，对自由惯了的我们来说，每年让我们最头疼的事情就是改卷子、登记分数、写评语。我

们上的很多课都是大班课，一改就是几千份卷子，想想都觉得头大了。可对高敏来说，这些问题都不存在，因为她有韩庭。

在最繁忙的期末，高敏的所有的卷子都是韩庭帮忙改，所有的分数都是韩庭帮她登记的，就连报告怎么写，韩庭也会一起帮忙想。所以，当我们忙得焦头烂额时，高敏只需要在旁边吃吃零食，看看最新的视频，刷刷朋友圈就好，我们简直想拍下视频，让自己的男友也学习一下。

这样的高敏就像一个"巨婴"一样，什么都不会，也不需要会。但是，这样令人羡慕的爱情，最终还是不欢而散了。

分手后，高敏也遇到过一些很不错的异性，可是当她用对韩庭惯用的态度去对对方的时候，发现对方根本受不了，最后，也都不了了之了。

高敏说："我很长一段时间没有办法离开韩庭，没有办法忘记他，一直记得他的好，到今天我才知道，原来他是在用溺爱控制我，把我变成了一个臭脾气的无能的人。是他把我宠成了一个'怪物'，别人都受不了我，可他还是离开了我。"

其实，真爱你的人，是不会把你宠成无能又坏脾气的怪物。

02

在他们分手前，我曾经去高敏家吃过一次饭，韩庭负责买菜，做饭。

高敏坐到饭桌前，拉下了脸："这么久还没好啊？"韩庭听见后忙不迭地把菜端了上来。

高敏吃了一口，皱皱眉说，咸了。韩庭又马上去给高敏倒了一杯水。高敏喝了一口，紧皱的眉头，终于稍微舒展一下。

整个晚上，韩庭都在小心侍候着。可以看出这是他们一贯相处的模式。

一切看起来都很好，只是，太理所当然了。这种不需要付出，只需要接受的"理所当然"，她已经习惯了。但韩庭没有习惯，最终选择了另一个能够给他更热烈回馈的人。

这样单方面给予的关系，原本就潜藏危机。

有一个理论叫边际效用递减，说的是人们对于刺激的敏感程度，会随着刺激次数的不断增多而递减。

比如说我们吃麻辣锅，一开始吃的时候会觉得又麻又辣，特别地爽，可是，如果你天天吃，顿顿吃，很快就没有感觉了，必须要加麻加辣，才能刺激你的味蕾，有不一样的感受。

在关系当中也是如此，对方要不停地加料，才能让你有新的感受。

而有一天，你的味蕾也会受不了的，被重口味惯出来的舌头，别说清粥小菜，或许连其他的麻辣锅都吃不惯。

而谁，又能一直不断地无条件付出，变着花样地加料呢？

这让关系进入了一个死循环的怪圈，难以走出目前的困局。

03

其实，太多的包办和溺爱，在某种程度上都是一种控制，其根源还是在于缺乏安全感和自信。当一个人对一段关系缺乏安全感的时候，会通过不断满足对方的方式来搭建出自己的安全感。

对于他而言，最重要的，不是你好不好，而是他可不可以掌控你，他会担心你变得太好，会失去控制，会面临太多的诱惑。这种莫须有的恐惧，会让他用各种各样的方式去控制你，比如说无微不至，甚至是掏心掏肺地对你好。

在爱情中控制欲强的人，常常事事包办，无底线地满足对方，这种行为，就在不自觉中把对方变成一个无能的人，也让关系陷入了难以满足的黑洞。

对于高敏而言，在这样包办的关系之下，她开始变得任性而无能。只是这被惯出来的脾气，如果她不改变、不成长，估计没有谁能受得了。口口声声"我是为你好"，却让高敏丧失了面对这个世界的能力。

如果你没有办法一直坚守，如果终有一天你会离开，那让她拥有在哪里都有活得更好的能力，这才是真爱。

因为，爱，是让对方变成更好的自己，而不是以爱的名义，把对方变成一个无能的怪物。

04

艾丽和王浩在一起三年了。

他们两个人有一张愿望清单，每年都会陪着对方一起进行大大小小的各种挑战，去完成愿望清单上的事情。他们现在已经一起完成99 个挑战了。

他们一起练拳击、一起学跳舞、一起跑马拉松、一起骑行全国、一起参加铁人三项、一起练习微笑、一起学几样拿手的异国风味、一起去西藏朝圣、一起去尼泊尔跳伞、一起去印度普纳修行、一起参加死亡体验营，去感受生命的意义……

每次看到他们，我都觉得他们变了，变得更加悦纳，更加柔和，更加自信了，他们也说在彼此身上学到了很多，变得不那么自我了，更加有包容心，更有安全感了。

谁也不知道一段关系能走到哪里，但是，变得更好不就是在一起的目的吗？不然，在一起是为什么呢？

世界著名知见心理学导师杰夫·艾伦说过这样一句话："真爱的目的不是要让你开心，而是要透过撕裂你的心，让你的心变得更宽广，好让你那些不真实的结构得以融化，这样你才能再次回到那美妙的源头。"

好的关系并不是溺爱，而是一种动态的平衡，是一种流动的关系。

好的爱情，可以让彼此都得到成长，能看到更大的世界，变成更好的人。

我们只需要全然的包容和接纳，没有控制也没有否定，只有单纯的爱。在这样的爱当中，我们就会全然释放自己，在这样的爱当中，我们能够进行深层疗愈。

所以，为什么说女人爱对了人，就会变得越来越美。

因为，对的爱，会看得见。

健康的两性关系，伴侣之间施与受，一定是相对平衡的。

德国心理治疗师海灵格对此的解释是：亲密关系中的幸福快乐，在于关系里面的付出与接受是否平衡——平衡可以用生意的角度打比方，平衡有另外一个意思，是说我这笔生意的结存多少，结存少意味着利润低；结存越大，快乐的程度也就越深。

相反，任何一方付出过多、索取过多，都会让对方感受到痛苦和压力，最终导致关系的瓦解。

暧昧，在爱与不爱之间

01

朋友自称是"恋爱达人"，有一套自己的恋爱高论："只要我喜欢的人，都会喜欢我。恋爱成功率百分之百。"

我好奇："有什么诀窍吗？"

她扬扬眉说："我从不喜欢不喜欢我的人。"

说得真好。那个人再好，如果不喜欢你，跟你一点关系也没有。

但在爱与不爱之间，"友情以上，恋人未满"之时，有一种过渡的关系，人们管这种关系叫"暧昧"。

暧昧就像是一团迷雾，你不知道穿越迷雾会有什么样的结果。

也许是爱，也许是不爱，也许穿过迷雾，还是迷雾。

这迷雾就像是通往光明的幽暗隧道，你不知道需要走多久。

刚走进去的时候有些新鲜，走进之后，又不知道什么时候才是个头，似乎有些什么，想拿探照灯一照，却又怕那是空中楼阁，只好硬着头皮走下去。

这大概是在暧昧关系中的人的心声吧？

你有没有曾经以好朋友的角色喜欢过某个人？想要靠近，又没有理由，想要放手，又割舍不下。

妮妮问我："我喜欢赵林，我应该跟他说吗？"

"你不说他怎么知道呢？"

"我怕说了之后，就再也没有办法跟他做朋友了。"

"那你暗示他一下？"

"我怕说得太明显了，转不回来，要说得不明显，又怕他听不出来。"

都说爱在暧昧不明时最美，可我是个急性子，实在无法想象在一段关系里能够如此隐忍和百转千回，总觉得喜欢暧昧的人多少有点自虐的倾向。他们被暧昧折磨，却又似乎在享受这种痛并快乐着的感觉。

终于，赵林结婚了，新娘不是妮妮。两个人都不开口，最终成全了另一个人。

"我没有想到，他们才认识一个月就结婚了，我当时还在想着开口，现在却永远也没有机会开口了。"

突然有点心疼她，这样卑微、这样小心翼翼。但也有点佩服她，在这样一个速食时代，愿意花时间来默默守候和等待。

恋爱，需要两个人的配合，而暧昧，常常只是一个人的想象，只需一个人完成，在自己的世界里被自己感动着就够了。

我问："你这样不累吗？"

"累，怎么会不累？以朋友的名义喜欢一个人实在太累了，想爱又不敢爱，拿着友情的挡箭牌，生怕一不小心踩过了界，表错了情。"

若有似无的认真，别有意味的沉默。他们就这样一直停留在"友情以上，恋人未满"的位置。

02

赵林之后，妮妮沉寂了很长一段时间，最近好像有点消息了，这个人我也认识，是在同一个小组中的文超。

妮妮和文超都是我带的沙盘小组中的学员，每次结束后，他们俩都会留下来帮我整理沙具。

文超一直在妮妮的身边默默地守候着，一如当初妮妮对赵林一样。每次小组活动结束后，文超会一直跟在妮妮的身后，她回头一笑，朝他挥挥手，文超才会转身离开。

旁人都能看得出来文超眼中不舍的光，只有当事人浑然不觉。

当然，也不是没有障碍的，妮妮比文超大几岁，相差的不只是年龄，还有社会经验和阅历，文超还是大四的学生，而妮妮已经毕业四年了，这对于相对比较早熟的女性而言，确实是一道鸿沟。

我问妮妮："那最后又是什么让你决定答应他？"

"那天，我说，我妈让我去相亲的时候，他突然对我说了一句，'别找了，我爱你'。后来他说，本来想等小组结束之后再说的，可是又怕我被别人追走了。"

我微笑，喜欢一个人的时候，会觉得她是无价之宝，一不留神就会被别人抢走。

"他的勇敢让我看到了自己的懦弱。无论有没有结果，或许，这才是暧昧的正确打开方式吧。"

03

暧昧这东西听起来抽象，其实也是可以分类的。心理学研究者把暧昧分成了真性暧昧和假性暧昧。

真性暧昧相当于恋爱的前奏，是彼此在试探的一个过程，而假性暧昧只求过程，不问未来，只是在享受这个撩的过程。

暧昧中的状态又有三种不同类型：

（1）倾向于承诺；

（2）倾向于拒绝；

（3）不知道自己要什么，在承诺和拒绝之间摇摆。

倾向承诺和倾向拒绝，表现出来的状态是完全不一样的。

如果妮妮了解一些暧昧的不同特征，观察赵林和文超的表现，其实就会发现他们都已经表现得非常明显了。

倾向于承诺时有四种状态：

文超的视线一直在追随妮妮的身影，如果妮妮某一天没有来，他整个人都不在状态，完全蔫下来了——第一种状态：着迷。

文超总是默默陪伴妮妮，只要妮妮开口，他始终都在那里——第二种状态：付出。

文超会迂回地向我们打听妮妮的各种消息，知道妮妮要去联谊，他就会马上出现——第三种状态：迂回地接近。

文超常常会开玩笑般地暗示，来试探妮妮的反应——第四种状态：试探。

倾向于拒绝时，则有两个提醒：

赵林并不只是对妮妮好，而是对很多人都一样好，像360度无死角的中央空调，一样亲切、一样温暖、一样若即若离——这是第一个提醒：不排他。

当妮妮有所暗示的时候，赵林就会模糊焦点，顾左右而言他，甚至会疏远妮妮一段时间——这是第二个提醒：模糊焦点。

其实，一叶落而知秋，赵林虽然没有开口，但他的拒绝早已表现得非常明显了，只是，妮妮一直选择视而不见而已。

跋：

一个人喜不喜欢你，是看得出来的。

暧昧太久，那无非是因为不够喜欢。真爱你的人，不会舍得让你猜太久。

对于真正喜欢你的人来说，暧昧只是一个过渡阶段，是他在想该用什么样的方式让你知道而已。他只是在等待一个合适的机会，说一句，"别找了，我爱你。"

变态心理学有一条原理，认为动作起源于想象，而不是意志。

用这条原理来解释暧昧的动机，其实就是：男人开始美好恋情想象的时候，正好遇到你，便开始在你的身上发挥想象成分，同时表现出要和你发生感情的态势。但事实上，他们只是在你身上完成想象。当男人回归理性的时候，便会转身离开……

为什么网恋总是不靠谱？

01

你会说谎吗？我想，人人都会。

虽然我基本上是一个很直接的人，因为有话直说是最节约脑细胞的，而我的脑细胞本来就是有限公司。尽管如此，我也知道有些话是不能说的。

想象一下以下场景：

如果胖胖的丽丽问我："我穿哪条裙子比较好看？"我说："别选了，身材不好，穿什么都不好看。"

新晋宝妈问我："我的宝宝可爱吗？"我说："怎么一点都不像你和你老公啊？到底像谁呢？"

老教授说："你为什么上课睡觉？"我说："还不是因为你上课太无聊了，800 年以前的东西还拿出来念，早就过时了。"

我无法想象，那会是什么样的场景。

我只是直，并不是傻。

所以，在遇到某些需要违心的时候，我们应该少说，或者尽量选择换一个角度来表述。

有次我和同样读心理系的兮兮周末一起看电视剧，当中男主角正在表白："我永远不会对你撒谎。"

兮兮"切"了一声："这不就是最大的谎言嘛！"兮兮比我更直接，所以我们才成了死党。

谎言无可避免，只是，没有谁会有义务提醒你，你要具备基本的辨别能力。

02

"我恋爱了。"

读研究生时，同宿舍的倩雯谈了一场轰轰烈烈的网恋。难怪，这半年来她一直有点怪怪的，大半夜的也在聊微信，还每天对着手机傻笑。

对方是她用微信"摇一摇"摇出来的，是隔壁学校的研究生，双方在微信上都聊得很好，虽然只见过照片，但已经以"老公""老婆"相称了。

"他长得又帅，学习又好，风趣幽默，还会写诗，简直就是我的理想型，不能更满意了。"

倩雯是我们宿舍里最纯情的女孩了，就连看到电视上稍微亲密一点的镜头，她都会不好意思。这次，纯情女孩终于有了点故事，大家都在替她高兴，可兮兮却在旁边泼冷水："网恋是最靠不住的。"

倩雯白了兮兮一眼，说："你这是赤裸裸的嫉妒。"

兮兮耸了耸肩，不再说话了。出门后，兮兮对我说："你信不信，他们一旦见面，马上'见光死'。"

过了几天，我们看到倩雯坐在床头哭。

原来，倩雯终于见到了她的"理想型"。"理想型"并不理想，照片是电脑修饰过的，说话也并不顺溜，风趣幽默的段子是抄的，更过分的是，还没说几句，就开始对倩雯动手动脚，吓得倩雯赶紧挣脱跑了回来。

倩雯的第一次恋爱，就这样惨淡收场。

故事差点成了事故。

03

舍友好奇地问兮兮："之前我们连人都没有见到，你怎么知道不靠谱？"

"现在网恋的越来越多，我们常常看一个人的文字，就开始对一个人产生了想象，构思出一个人的样子、此时的状态，可是，这并非是这个人真实的样子，只是我们投射出来的想象而已。"

换句话说，其实我们是和自己的想象谈恋爱。

心理学家也指出在网络交流的时候，我们会将对方理想化，这种方式比现实生活当中面对面的交流更富有欺骗性。

从沟通方式来看，文字，是我们最容易控制的，也是最单一的沟通信息，因此有时也最不可靠。

电话沟通次之，至少还有声音、语气、语调作为配合，比起纯文字获得的信息要丰富一些。

最可靠的是面对面的接触，获得信息的渠道是最丰富的。当两人面对面的时候，想要掩饰些什么是很难的，有的时候顾得了这里，顾不了那里，顾得上手，就顾不上脚，顾得上语气，就顾不上嘴角，即便是有意在控制，也总会有信息泄露出来，提示对方你是不是在撒谎。

"倩雯只靠文字和对方交流，而对方只展示了他想要展示的部分，把不利于自己的信息弱化或者隐藏掉。倩雯又在这种关系中加上了自己的幻想、期待、合理化，想象出了一个所谓的'理想型'。况且，他们刚认识没多久，就以'老公''老婆'相称，也必然不是一段靠谱的关系。"兮兮解释道。

"所以，一见面就'见光死'，几乎是必然的。"舍友接着她的话说。

兮兮点点头。

网上聊天未必是谎言泛滥，但我们最好别选择用最容易产生谎言的方式认识对方。

04

在网恋日益盛行的新世代，有一则网恋的新闻吸引了我们的眼球。

2017 年 9 月 6 日，某科技公司创始人兼开发者苏某自杀，令人感到惋惜。

苏某和前妻自 2017 年 3 月 30 日通过某相亲网站认识，6 月 7 日领证，7 月 18 日办理离婚手续。据苏某临死前发的帖子所言，前妻翟某向他索要 1000 万元人民币和一套房产，导致苏某感到走投无路，从而做出了自杀的选择。

这则新闻在网上掀起了一波关于骗婚的热议。

仔细看来，翟某的骗术并不高明，只是双方从一开始就以容易产生谎言的方式认识，而后又选择了闪婚，势必会为后面的一系列问题埋下伏笔。

如果多用一点点时间来相互了解，结果会不会不一样？如果在对方露出蛛丝马迹的时候，提高一些警惕，结果会不会不一样？

所有的懵懂无知，不过就是用最不靠谱的方式，认识了一个不靠谱的人，自然会滋生出不靠谱的结果。如果一段感情的开始和过程都不靠谱，起码在结果的时候，请谨慎考虑。

有人问："那如果真的是一见钟情呢？"

可是一见钟情也只不过是开始。孟非说过这样一句话："很多人问交往多长时间可以进入婚姻？这没有什么规定的时间，但是，最好曾一起经过四季，走过春夏秋冬，对这个人有一个基本的了解，这样的关系比较踏实。"

有人说要找一个可以踏踏实实过日子的人。以前觉得这句话土，现在，突然了解了这句话的意思。

因为，真正稳定的关系，是在生活中一点一滴积累起来的，这个人了解你，知道你的性格，知道你的习惯，能包容你的坏脾气，有这样踏实和安心的感觉，才是一段好的关系。

现实生活中，哪会有什么天上掉下来的白马王子、霸道总裁，人世间的付出与回报大抵平衡，在关系当中，努力经营，或许才有些许回报，那些如梦似幻的爱情，其实，只需要多一点点的时间和真实的相处，便能分辨得出真与假。

那些好得不像真的的事情，大抵也不是真的。

网恋最大的弊端，是产生移情。

所谓移情，就是这种超越空间的恋爱形式，因为和对方的距离感，其中一方会把自己对爱情、爱人的想象，移情到网恋的对象身上。

更直白点说，网恋就是一张空白的纸，画上自己想象的美好。网恋对象身上的很多你爱的点，都是你自己赋予的。

这也是为什么很多网恋，会"见光死"。

你的爱情，能经得起你的考验吗？

你的另一半对你忠贞吗？他会不会被其他的人吸引？他能不能经得起诱惑……

你有没有好奇过这些问题？这种好奇会不会啃噬着你的心，让你日夜难寐，有一天，会忍不住打开这个潘多拉魔盒看一看？

01

我在给学生上课时，曾出过这样一道题：

假如，你现在还没有男朋友，有人给你介绍一个条件非常不错的男生，为了这次见面，你精心打扮了一番，临出门前，你看见你的舍友也在，便打算带上她一起去，现在有以下四种情况，从成功率的角度出发，你会如何选择：

A. 你美，舍友丑

B. 你丑，舍友美

C. 你美，舍友美

D. 你丑，舍友丑

大家的答案五花八门，选什么的都有。

选 A 的最多，因为这样对比下来，成功率自然而然地就提高了。

也有不少人选 D，因为当两个人都丑的时候，无形中降低了标准，对方看着看着也就习惯了，成功率反而比只有一个人丑的时候提高了。

选 C 的也有，觉得大家一起美，能抬高整体的颜值，给对方留下更好的印象。

让我意外的是，成功率最低的选项 B，居然选择者不在少数，选择的理由是要用美女来考验一下对方，看看他能不能经得起考验。

可是，人性真的能经得起考验吗？

02

玩弄人心的人，永远都得不到人心。考验感情的人，每次都留不住感情。

"他平时很好，真的是那么好吗？男友是不是真心、对感情是否忠诚，您只需要拍下，剩下的交给我们！我们提供专业的服务！我们帮您验证他的人品！"

这是淘宝上一款"考验感情忠诚度"的产品的宣传。

当你拍下来之后，客服会添加你男友的社交平台好友，根据你提供的信息来制定聊天的话题，结束后，会把聊天记录发给你，让你了解你的男友是如何与其他美女的聊天的。

这款"产品"价格有高也有低，在 1 元到 918 元，生意居然还挺火爆的。看来想要考验伴侣的人，为数不少。

前不久，一个女孩和男友吵架之后，就上网购买了"考验感情忠诚度"的业务，想要考验一下男友，没想到，男友和客服相聊甚欢，没过几天，便向女孩提出分手，想要追求客服小姐。

原本只是想考验对方，没想到弄假成真，女孩和客服这下都傻眼了，不知道该如何收场。

我在做咨询中也常遇到这样的来访者，她们又自卑又缺乏安全感，总觉得男人都不可靠，总担心丈夫会变心，于是，其中一位来访者就派了年轻貌美的"闺蜜"去诱惑丈夫，看看他会不会出轨。

结果，对方没有抵挡住这场专属定制的诱惑，真的如了她的愿，和"闺蜜"在一起了。来访者哭诉，"我就知道他靠不住，瞧，出轨了吧。"

天天把老公当贼来防，终于，他不负所望，真的成了贼。

03

朋友问我："那我们就真的不需要考验对方吗？"

我和她分享了一个小故事。

丹麦著名医学家芬森选中了一个叫哈里的年轻医生作为接班人，可又有些担心他心思不定待不住。芬森的助理提议，不如让朋友假意出高薪聘请哈里，试试看他会不会动心。

芬森拒绝了这个建议："不要站在道德的制高点上俯瞰别人，也永远别去考验人性。哈里出身于贫民窟，怎么会不对金钱有所渴望？如果我们一定要设置难题考验他，一方面给他一个轻松的高薪工作，另一方面又希望他选择拒绝，这就要求他必须是一个圣人……"

最终，哈里成了芬森的弟子，也成了丹麦非常著名的医学家，当他听说了这件事后，泪流满面："假如当年恩师这么做，我是肯定会掉进那个陷阱的。因为当时我母亲患病在床需要医治，而我的弟妹们也需要钱上学……"

芬森的话，为所谓的考验做了很好的诠释。

考验是否成功，关键看被考验者的核心价值观是什么。核心价值观会直接影响关键时刻做出的选择，如果是符合核心价值观的诱惑，或许就会比较容易打动对方。

每个人都会有意志薄弱的点，你用范冰冰、李冰冰无法诱惑他，并不代表他忠诚，或许他喜欢的是白冰冰呢？

04

小优是一个美丽大方的空姐，平常工作非常忙碌。有这样能力强"颜值"高的女友，小优的男友感到极其没有安全感，暗地里喜欢换各种号码、各种花样来试图考验她，结果她都毫无反应，这让男友很是欣慰。

小优私下跟我说："拜托，平时那么忙，哪有时间和陌生人闲聊呢？如果他派来的是鹿晗，那说不定就不一样了。"

"只是，若要派鹿晗来，他未必能看上我，我也觉得自己配不上他，压力太大，日子不好过。眼前的这个男朋友虽然并不完美，但我自己也有一堆臭毛病，两个普通人打打闹闹，过点轻松的小日子，也不错。"

小优是聪明人，稳固的关系不在于对方有多优秀，而是你们是否匹配，包括双方人生观、价值观以及认知的匹配。能了解这一点，是智慧。

还有一点也很重要，如果你试过减肥就会知道，想要成功，就要远离美食诱惑，而不是一直身处诱惑之中。如果你身边充满了各种美食，在冰箱里，客厅桌上……那么你每天就要消耗自己的意志力来和食欲做斗争，说不定哪一天就忍不住破了戒。

我曾问过在戒毒所工作的朋友："到了戒毒所之后，毒瘾真的可以戒掉吗？"

朋友摇摇头说："很难，因为他们在戒毒所会认识更多的人，反而有更多机会知道有什么地方可以源源不断地获得毒品，出去之后很快就会复吸了。"

心有戚戚焉。

唯一能做的，唯有远离。不用毒品来试炼自己，所担心的就不会发生。就像年少时喜欢开快车，迟早是要出事的，天天胡吃海喝，早晚身体会亮红灯。这不需要特殊能力，略有生活经验也大约能猜到一二。

生活顺利，未必是因为特别幸运。

只不过是知道，应该远离危险。

跋：

最近参加了一次金婚的庆典，两个人都鹤发童颜，不太看得出年纪。他们手牵手互相搀扶着走出来的场景，颇让人动容。

五十年婚姻，能够相知相守走完，实属不易。

当初，两人也经过无数苦难险阻吧？

生活曾有过无数试探考验吧？

会不会也曾经一度，有人觉得辛苦考虑退出？

这五十年，需要两人克服一切难关，又肯努力维系，才有今天。

且行且珍惜。

自控力不仅和心理有关，也和生理有关，这是一连串的生理反应。

为了帮助人们抵御诱惑，美国心理学家苏珊娜·希格斯托姆给出的建议是：三思而后行。

面对诱惑时，大脑和身体机能的第一反应，是"占有"。如果想抵抗诱惑，你可以放慢自己动作的速度，给大脑和身体做出反应的时间，从而回归理性。

简单说，就是给自己一点思考的时间。

爱到杀死你

凡觉辛苦，即是强求，真正的爱情叫人欢愉，如果你觉得痛苦，一定是出了错，需及时结束，从头再来。——亦舒

01

在你心目中，六十岁的人，是一种什么样的状态？

或许已经心态平和，行为稳重，充满智慧，看透了人生，不过分喜，不过分悲。

但这个新闻让我大跌眼镜。

有这么一对情侣，前不久有些争执，这一次，他们来到了三亚天涯海角旅游，来到这个最浪漫的地方，想要修复关系。

他们都并不年轻了，他已经六十好几了，而她也五十多岁了。千金难买老来伴，他们没有结婚，也没有分开。在一起十几年，他们无数次争吵，但一次又一次地和好。

这天，他们站在公寓的阳台上，远处椰风海韵，美不胜收，好像一切都很好。可他们又开始发生了争吵，这似乎已经成为他们的日常，原本以为就像平常一样，吵一吵就算了。没想到这一次，他起身走到她身后，抱起她的大腿，将其从十楼的阳台上扔下。

就这样，他们再也不会争吵了。

这篇报道是依兰发给我的。

她轻声说，"差一点，这就是我。"

依兰曾经交过一个男朋友，帅是帅，可是总是喜欢抱怨，喜欢控制，性格很偏激。

虽说依兰喜欢帅哥，可是，坚持了半年，也扛不住了，提出分手。

一开始，对方苦苦哀求，保证会改，可和好没多久，依旧故我。

这一次，依兰下定了决心，无论对方说什么，都坚决要分手。

于是，对方把依兰约到了他的公寓里，哀求不成便恼羞成怒，抓住她的头发，不停地扇耳光、踹肚子……瘦瘦小小的依兰，只有八十几斤重，而对方是一个一百五十斤的壮汉。

她从此开始害怕男人，不敢谈恋爱。我无法想象，这段时间她都承受了多大的恐惧。

她的朋友们都感叹，"现在谈个恋爱太不容易了，遇到'渣男'就算了，万一遇到暴力分子，一不小心把小命都搭了进去。可是，一开始的时候怎么会想到他是个暴力分子？"

"我差一点就相信他是年纪小不懂事，长大就会改好的。可是看了这篇报道，我才发现，是我太天真了。"依兰说。

是啊，亲密关系暴力，并不是年轻人的专利，并不是活过花甲，就会自然产生智慧。三十岁的时候有暴力倾向，不代表六十岁的时候就能改邪归正。

人的智慧，和年龄没有关系。

02

"他把我踹在条凳上，是的，是踹在我的肚子上，我的后背抵着后面固定在地上的石方桌。他说了一句：'你他妈以为你是谁'，然后狠狠地给我扇了回去。这个力道有多重呢？反正我当时是直接听不见了，脑子嗡嗡嗡了一晚上，在接下来的半个月里左边脸咬肌受伤，一吃饭就疼。"

"所以，陈世峰杀人，我一点也不惊讶。"

这是陈世峰的前女友在提出分手后，被陈世峰暴力的经历。

亲密关系暴力，变成一个越来越频繁出现在我们身边的词。

根据世界卫生组织的定义，亲密关系暴力是指亲密关系中任何造成身体、精神和性伤害的暴力行为。包括人身伤害、强迫发生性关系、拍摄不雅照或视频、辱骂、威胁、恐吓、跟踪、勒索、监视等。

亲密关系暴力的出现概率，比我们想象中的要高得多。调查显示，在亲密关系暴力中，女性受害者高达 80%，男性施暴者的比例远高于女性，是女性的 7 倍。

很多男性在成长的过程中，缺乏表达情绪、应对情感挫折的学习，认为暴力是解决问题的方式，特别是经历过暴力，或目睹过暴力的人，长大后更容易成为施暴者。

或许，在陌生人眼里的他，是个闷声不响的老好人，而被施暴的，常常是与他有亲密关系的人。因为，在亲密关系中最能刺激出一个人最真实的状态。

当你不加防范，也许，他就会出现在你我的身边。

你知道吗？施暴者在施暴的瞬间是有快感的，就像毒瘾发作一样，这种快感让他一次一次地举起了拳头，抬起了脚。

03

亲密关系暴力的出现，并非偶然。

在暴力事件发生之前一定出现过很多的预兆，只是并未引起大家的重视。比如严格控制你的行踪，情绪突然大爆发，很自我，发生冲突时会威胁你……这些都是提醒的信号，值得你注意。

很多受害者会被一个问题困扰："他每次都说他会改，我应该再给他一次机会吗？"

调查显示，亲密关系间的暴力再犯率较高，约为 25%~59%，常常呈现出"矛盾积累—暴力—悔过—蜜月"的暴力循环。

"胡萝卜加大棒"是一个常见的套路，每次施暴后，施暴者都会忏悔、痛哭、变得无比体贴，这其实也是某种程度的人格分裂，在情绪激动的时候，主人格已经控制不了副人格的行为了。

新闻中那对来三亚旅游的情侣，就是"大棒"之后的"胡萝卜"。只是没想到，这"胡萝卜"有毒。

他们在一起十几年了，他在五十岁时就已经说要改了，可在六十几岁的时候，他把她扔下了十楼。

请记住，暴力行为，只要出现过一次，就请果断地离开。避免意外的最好方法，就是远离爆炸源。如果你不跳出来说"不"，这个循环就会不断地进行下去。

当然，想要安全地离开，你还需要做好分手的预案。

比如说，可以在白天、在公众场合、在人多的地方提分手；

可以预先告知朋友你的行踪，整个过程不要激怒对方；

如果微信提分手，请注意措辞；

分手后，与对方保持距离，不再联系；

如果曾经收过贵重的礼物，请归还，并且留下归还的证据；

必要时，可以报警……

这个问题好像离我们很遥远，本以为那是万分之一的小概率事件，可有一天在你身边发生的时候，你就是那个万一。

跋：

"这是不是我的问题？""是不是我让他变成这样的？"这是在很多受暴者心底冒出过无数次的疑问。

陈世峰的前女友在遭受暴力行为之后，还曾进行自我谴责，认为是自己分手提得太急了，他才会动手，还曾经考虑过要原谅他。

很多时候问题反复发生，是因为施暴者、外界环境会催眠受暴者，把暴力行为合理化，"这个问题是你造成的""因为你不够好，所以暴力行为很正常"……

如果受暴者的心理太弱小，就会接受这种解释，反复纠缠在这种不健康的关系里。

不要觉得这很正常，只是因为，你忘了正常的关系应该是什么样的。

爱的前提和基础是平等和尊重。好的关系一定是让我们觉得舒服、自在的。

请不要相信任何以爱之名的暴力。

对待家暴，一定是"零容忍"的态度。

心理学家彭凯平曾列出三点，帮助大家识别有家暴倾向的人。这里列出来，希望能对你有用：

1.控制欲望特别强，总想控制你的生活，老是说"你必须这样"；

2. 具有强烈的猜忌性，甚至怀疑你和谁打电话；

3. 动不动就发脾气摔东西，可能没结婚时不敢打你，就摔杯子、打宠物。

禁止，是最大的诱惑

01

今天的来访者是一位阿姨，且称呼她为张阿姨吧。

张阿姨是来帮孩子咨询的，表情焦虑中又带有一丝倔强，看得出来，她是下了很大的决心才来到这里。

张阿姨说，前不久，她还是最让小区同伴羡慕的人，可最近，她觉得自己成了整个小区的笑话。

张阿姨原本最让人羡慕的，不是听话的老公，而是漂亮的女儿琉璃。琉璃是小区里的一枝花，亮晶晶的青春，连同性都会多看几眼。更让人羡慕的是琉璃从小乖巧听话，明明高考分数已经达到外省的一本线了，张阿姨一句"女孩子跑那么远干什么"，她就改了志愿，读了本省的大学，就近住在家里，也一直拿着奖学金。琉璃毕业后，张阿姨说考公务员，琉璃就去考了公务员，进了一个还不错的单位。

　　琉璃就是那个"别人家的孩子"。好脾气，好学校，好工作。比起其他家的"熊孩子"来说，琉璃是最让人省心的了。

　　这么优秀的琉璃，追求者自然早就排了几条街，众位阿姨都热心地要给她介绍，张阿姨挑了又挑，一心要择优录取。可没想到，琉璃变了。

　　"琉璃现在和一个社会小混混在一起，每天都大半夜才回来。她居然说，相比温吞水，更喜欢烈火一样的男生，自己的人生太平淡了，和这样的人在一起，觉得自己至少燃烧过。"

　　张阿姨说着说着就哭了起来："那个人有什么好？要人没人，要才没才，要钱没钱，跟着他还要倒贴，一辈子也不会有出息，可琉璃怎么劝也不听，一定要跟着他。我绝食，她也不肯妥协，反而离家出走……"

　　没错，张阿姨说得有道理，明眼人都看得出来，这个人的确不是一个好的选择。

　　但是道理归道理，若是方法不对，努力就会白费。

　　心理学上有一个词，叫做"心理边界"。简单来说，就是人与人之间的界线感。

　　张阿姨和琉璃的这种情况，就是典型的心理边界模糊，他们都习惯了这样越界，因为张阿姨也是这么长大的。他们不知道，即便是在父母、夫妻、朋友之间都应该有清楚的心理边界，没有边界感对关系当中的每一个人都会造成伤害。

　　琉璃不知如何面对这种越界的不适，一直忍气吞声，压抑着自己的情绪，直到有一天看到一个格外不一样的人，觉得特别新鲜有趣，于是深陷其中，不可自拔。

　　其实，让琉璃越发逆反的原因，未必是他们之间有多相爱，而是她想要挑战张阿姨的"坚决反对"。

02

还记得歌手张靓颖母亲写过一封公开信——《我不想让女儿再错下去》。

信中，张妈妈声称冯轲是一个坏人，欺骗张靓颖，侵吞张靓颖公司股份，一直利用两人恋爱关系来各种压榨张靓颖的报酬，不是一个可以托付终身的男人，明确反对两人的婚事，为了让女儿不受更大的伤害，不顾母女关系也要打醒她，让她从这段感情中脱离出来。这番话打动了很多人，让人怀疑起冯轲的真实意图。

照理说，妈妈都是为你好，妈妈不会骗你，应该听妈妈的话，可是结果如何？张妈妈的反对让两人变得更加亲近了。

英国戏剧家莎士比亚有部名剧《罗密欧与朱丽叶》，罗密欧与朱丽叶在一个宴会中相识相爱，但因两个家族是世仇，他们的爱情遭到了极力阻碍。两人为了在一起，朱丽叶服下假的毒药，计划先假死，然后醒来后和罗密欧私奔。但信息传递出了问题，罗密欧以为朱丽叶真的死去，伤心欲绝，服毒自尽，朱丽叶醒来后见到了死去的罗密欧，也拔剑自尽了，等两家的父母觉悟过来，为时已晚。

心理学家研究发现，恋爱时，如果双方爱情关系出现了干扰的外在力量，双方情感反而会增强，关系也因此更加牢固，干涉越大，爱得越深。

越强迫，越抗拒，反而促使她们做出了相反的选择。这种现象就被命名为"罗密欧与朱丽叶效应"。

调查也发现，这样的婚姻虽冲破重重阻碍，却常常惨淡收场。

不光是爱情，很多方面都是这样，越不让打游戏，就要打游戏，越不让看小说，就没日没夜地看小说，当人们的自由受到限制时，唱反调会有种特别的愉悦感。

03

张阿姨问道："那怎么办？任由她跳进火坑也不理？"

我说："或许这也是个办法。"

尽管张阿姨认为琉璃已经不是叛逆少年了，但其实这只不过是迟到的叛逆期而已。

其实，很多叛逆少年未必是多放浪不羁，而是因为家里的反对，才觉得挑战权威格外地新鲜刺激，一旦没有了反对的力量，反而更能够看清事情本身的样子，不再为了抗拒而抗拒，这时候，她反而恢复了理性，你让她去跳火坑，她都觉得没劲，心想，"我又不是傻"。

父母能做什么呢？帮她分析利害关系，然后让她决定。让她学会对自己的选择负责，自己选的，将来后悔，也没得怨。这就是成长的代价。

因为这是她的人生，应该由她来负责。当她学会对自己的行为负责的时候，就会格外地认真谨慎。她的人生，应该是她更关心才对。如果你比她更加关心她的人生，硬要插手干涉，就是一种错位的关系，包办代替之下，只会产生没有能力却别扭的孩子。

很多家长没有心理边界，一直包办代替，代替孩子选择，代替孩子决定。可如果不让他们独立，他们便永远是长不大的"巨婴"。

所以，许多孩子（且称为孩子吧）到了四五十岁依旧无法"断奶"，无法为自己的行为负责。所以，即便是错的，那也是他们欠缺的一课，迟早都要补上，躲得过初一，躲不过十五，人生时时考试，没法永远逃课。

即便那是火坑，不讲策略地反对，也只会把她推进火坑。

"逆反心理"，又称为"逆向心理""对抗心理"，是心理学上非常常见的一个概念。

这里要说的是，逆反心理不只会出现在青春期的孩子身上，而是可能会发生在任何一个人身上。

遇到这种情况，硬碰硬是肯定不行的，很多时候只能反其道而行之，从而达到自己的目的。

永远长不大的老男孩

01

高玉娟，是那个过着我想要的人生的人。

小时候，我们一起沉迷于韩剧《天桥风云》。我看完之后依旧浑浑噩噩地混日子，但她老人家一咬牙，去学了画画，大学读了服装设计专业，再后来去巴黎留学，回来当一名服装设计师。

这些我都只是想想而已，没想到她就一鼓作气地完成了，去了我想去的学校，读了我想读的专业，做了我梦想中的工作。

虽然她依旧还是单身，但她把自己的生活照料得很好，有事业、有车、有房、有自己的兴趣爱好，生活丰富而精彩。

她让自己变得这么优秀，什么样的人才能配得上她？

我说："能娶到你的人，运气真好。"

高玉娟倒也不谦虚："是啊，我也不缺什么，在一起开心就好。"

是啊，她不缺什么，面包她有，只要开心就好。

但是往往不缺什么的人，对于关系的质量，会有更高的要求。她想要一个能让她开心的人，这个要求好像很简单，其实并不容易。

关于她的恋情，终于有消息了。

开始的时候，天很蓝，风很轻，那个他幽默极了，是个搞笑的"段子手"，知识渊博，阅历丰富，去过五大洲四大洋。

"这么有趣的一个人，和他在一起生活一定不会沉闷。"玉娟在说起他的时候两眼放光，崇拜得不得了。

我们也在替她高兴，这一回好事近了吧？

可没过多久，问题就出现了。玉娟发现，生活中的他，是另一个人。

40 岁的他，房间里总是乱糟糟的，每天由妈妈照顾他的生活起居，而他哪儿也不想去，只想待在家里打游戏。

他对玉娟的承诺说得天花乱坠，但从来做不到，一有什么事情，就马上逃避，假装问题并不存在，从不正面应对。有次和玉娟一闹矛盾，他就逃到另外一个城市去了，因为，眼不见为净，看不到就不存在。

跟他在一起，玉娟不知不觉就变成了他的另一个妈，挑剔、指导、教育，总是想要纠正他。

一天，玉娟在教育他的时候，一不小心照见镜子里的自己，突然吓了一跳，那嘴脸和他的妈妈如出一辙。

她说，"我并不想这样，我只想好好地被人宠。我本想要当一个女儿，却被逼成了一个妈。"

这天，玉娟约我喝茶，他也来了。他的长相并不年轻，但打扮很年轻时尚。聊天的时候，他表情丰富，声音高亢，就像是个还在青春期的男生一般，哪里像一个 40 岁的男人？

不得不承认，与他交谈会不自觉地被他感染，他自有他吸引人的地方。

他也知道自己并不成熟，说自己是"大叔的外表，少年的心"，玉娟翻翻白眼说，"请给我少年的外表，大叔的心。"

这是他们之间特有的相处模式。

喝茶过程中，她时不时地就会流露出家长般对孩子管束的表情。

她去洗手间时，他马上长呼一口气，感觉像是放松了下来，小声说，"她就像我妈似的，管我管得太多了。"那表情，就像是在青春期里要争取自由的孩子。

而玉娟也让我感觉陌生，这还是我认识的自由奔放的才女高玉娟吗？我开始有点为她担心了。

后来聊到他小时候的一些情况。他小时候家庭条件很好，家中常常高朋满座，他也备受宠爱，家里只有他一个男孩，对他保护得太好，事事插手包办。

后来，他的父亲突然去世，家道中落，而他，就停留在那个时期，再也没有长大过。

他就像是童话里的经典人物彼得·潘，生活在梦幻般的"永无乡"里，永远长不大。

玉娟之所以吸引他，是因为她既有一颗少女心，可以一起玩，同时又有能面对社会的独立。对于他来说，可以当玩伴又可以当"妈"，一举两得。只是不知怎么的，她越来越不好玩，越来越像一个妈了。

他也在叹息。

02

《彼得·潘》的作者詹姆斯·巴里幼年时，哥哥死于一场滑冰事故。哥哥的死对詹姆斯打击很大，他始终未完全恢复过来。他一直停留在之前的幸福中，没有走出来，也一直保留着强烈的孩童个性。

在心理学上也有"彼得·潘综合征"一说，简单来说，这是一种生理上已经成熟，但心理上拒绝长大的状态。

美国心理学家丹·凯利在《彼得·潘综合征：那些长不大的男人》一书中提到，有"彼得·潘综合征"的人就像彼得·潘来到现实生活中一样适应不良。一个原本聪明又善解人意的孩子，会变成一个不负责任、孤独的成年人，他追寻着永恒的童年，却忘了时光不曾为任何人停留。

他总结了如下典型症状：

1. 情绪化、任性，难以自我克制。一旦事情不按照自己所设想的发展，就容易发脾气，而不考虑后果；

2. 依赖他人，生活自理能力差，不能独立生活，总是需要别人照顾自己；

3. 不敢承担责任，逃避诸如父亲、母亲这样的社会角色，迟迟不敢结婚或者不能拥有固定的人生伴侣，也容易频繁更换工作；

4. 自我中心，自私，不知道主动关心别人，而把别人对自己的关心视为理所当然；

5. 难以适应社会或者被社会拒绝，容易遭受挫折，进而引发情绪混乱。

总的来说，也就是人们常说的太"孩子气"。

的确，成长很累，需要被推着面对生活，学会承担责任，需要放弃很多东西，很多事情喜欢要做，不喜欢硬着头皮也要做，难怪很多人想逃避。只是，"永无岛"并不存在，问题也并不会消失，彼得·潘没有办法永远逃避长大。

成长，虽是一种阵痛，但也是一种蜕变，现实中的彼得·潘已经长大了，没有办法固守在已经不合时宜的壳中，只有直面现实，问题才会迎刃而解。

03

童心当然很珍贵，只是也要有应对社会的能力。我们每个人都需要有孩子的童心，也要有大人的担当。

永远停留在大人的状态，会很无趣，但永远"孩子气"，又会适应不良，自己痛苦，身边人也会很痛苦。

现实的生活中，两种状态是可以自如切换的，在私底下，我们可以是一个孩子，应对外界的时候，我们也有大人的铠甲。这种切换状态的能力，也是心理成熟的标志。

但对"彼得·潘"而言，他并不想要长大。他愿意待在他的"永无岛"上，不面对现实的生活，以嬉皮笑脸的面具，来抗拒现实的残酷。

与"彼得·潘"谈恋爱或许很有趣，但生活是另外一件事情。要把他拖出"永无岛"，很难，而且太过残酷。所以，跟他们谈恋爱，或许会像经历了过山车般的精彩、刺激，但残留的就只有眩晕和反胃。

随时间发展，伴侣对于关系的要求会不一样，希望关系趋于稳定，希望对方能够承担责任，这不是"彼得·潘"们所愿意见到的，于是便会使关系陷入困局。他还活在自己还是孩子的那个状态，用尽全力营造当时的幻象，弥补当时的缺失。

如果你要和这样的人在一起，那就好好地玩，可以沉迷于他的天真可爱，同时，也要接纳他的不成熟和没有责任感。不要期待改变他，也不要期待他会长大，这样你们或许还能愉快相处。没有期待，就没有失望。如果你想要改变他，会耗尽你所有的耐心和力气，并且会让你开始陷入深深的自我怀疑中。

真正的修行在于生活。面对生活，能保有好奇，也要有对社会对家庭的责任感。成长很痛，却无法逃避。我们只能把那个"彼得·潘"暗藏在心里，在安全的时候，再让他出来飞翔。

在遇到你的时候，我能找到"彼得·潘"的天真烂漫，但，也有能应对外界的铠甲。我想这才是两个成年人谈恋爱的最好状态。

跋：

他们的关系，在挣扎了几个月后，终于结束了。

高玉娟耸耸肩："我原本想要找一个避风港，却误打误撞地来到游乐园。一开始被他的勇气吸引，但天天坐过山车也会累的，总是要走下来，吃一顿饭，休息一下。可是他这一轮过山车结束了，非要挤上下一趟的疯狂老鼠，我实在吃不消了。"

所幸，她终于也想明白了。

> 婚恋中的禁忌之一，就是试图去改变对方，这样很容易两败俱伤。
>
> 想解决家庭中的问题，只能"谁痛苦，谁改变"。
>
> 这里说的"改变"，不是非要委曲求全，但是对于痛苦的一方，需要做出选择：继续忍受，离开，还是调整。

爱情就像照镜子

你的爱情，缺了哪一角？

"我们的关系好像少了些什么？"根据不完全统计，这个问题在姐妹聚会中被提到的频率最高。

01

"我妥协了。"

倔强的人，常常是能看得出来的，他们的眼角眉间都泄露出不轻易妥协的模样。佳琪就是这样一个人。

她是一名教师。不知道是性格决定了职业，还是职业影响了性格，她是一个是非分明，眼里容不下沙子，认定了就毫不妥协的人。我们常说她像是茅坑里的石头，又臭又硬，顽固不化，可没想到，这块石头居然也妥协了。

她所谓的妥协，原来是嫁给了一个家里安排的对象，结婚前甚至连一声通知都没有，这让我们大跌眼镜。看来，她只求快速解决这件事。

她说，她不是不想等，只是耐不住家人日夜唠叨，家人总是一句话换五百种方法说两千次，比老板还会折磨人，她怕终有一日会精神崩溃，不如从了罢了，至少，世界变得清静了。

原以为妥协是一件很容易的事情，可她没想到日夜对着一个自己不喜欢的人，莫名痛苦。之前喜欢宅在家里的她，现在天天往外跑。

"我们现在都在各自的房间，我没有办法让他碰我，我全身都在抗拒。"佳琪无奈地说。

老友都"吐槽"她，"你这个顽固派又是何苦呢？你要是能妥协，何必等到现在？"

这一次，她一反常态，没有争辩："坚持了这么久，还是在最后认了。"可见，也不是不后悔的。

只是，在意志软弱的时候做出的决定，需要漫长的人生来埋单。

02

"谈什么未来？我们只要现在。"

小南则是另一个极端。

"我无法理解佳琪，为什么要妥协？日子总是自己在过呀，看我就是，合则来，不合则散，潇洒得很。"

小南是一名室内设计师，不仅审美超前，观念也向来前卫，和男友互相达成默契，不要婚姻，不干涉彼此，即便见到男友牵着其他女人，也笑笑挥手，不为所动。

我问她，"真的不会生气吗？"

"多少还是会的，只是'吃得咸鱼挨得渴'，要不一开始就别装大方、给承诺，要不就只能硬着头皮装下去啊！况且，有时候名分才是最重要的，女朋友算什么？如果是老婆这个身份，至少还有拍拍桌子的资格。"

在小南看来，芸芸众生中能遇到终身配偶已经是很奇妙的事情，虽然离婚率居高不下，但只要有那一刻的真诚，也算难得。

03

"如果你知道这是一场无期徒刑，你还会等待吗？"

大家的眼光转向一直没说话的李玫："从没听你提过另一半。"

李玫是一家广告公司的高管，平常是聚会的活跃分子，但今天她一反常态地坐在角落里，一言不发。

女人常认为，交换秘密，是增进友情的最好办法。

李玫沉吟半晌，还是开了口："我？我没什么可说的，大学跟高中同学在一起，是异地恋。毕业后，跟大学同学在一起，又是异地恋。不久前跟同事在一起，又因为工作调动到了另一个城市，还是异地恋。这就是我的感情生活，乏善可陈，一直在和自己的想象谈恋爱。"

我们听罢都安静了，没想到三十出头的"白骨精"竟然只有柏拉图式的精神恋爱，她的时间就这样消磨在漫长的等待中。

人之所以愿意等，是因为知道等是有时限的，而李玫却无奈地摊摊手："我不知道会等到什么时候。如果你知道这是一场'无期徒刑'，你还会等待吗？所以，我放弃了。"

这大概是异地恋最常见的结果吧。

佳琪，小南，李玫，像她们这样的关系模式普遍存在，可是，又好像少了一点什么。

就好像是减肥食谱，看起来合理，但就是淡然无味。

04

爱情是什么？

美国心理学家斯腾伯格曾提出了"爱情三角理论"，在他看来，不论什么类型的爱情，都由亲密、激情和承诺三大元素组成，一段爱情一旦形成一个三角，就会呈现出相对稳定的状态。由于三个因素的强弱不同，会形成不同的三角形状，所以才有了各种各样的爱情。

亲密：是指伴侣产生热情、理解、沟通、支持和分享等情感体验，使彼此有亲近、温馨的感觉；

激情：是指伴侣之间有强烈的情感需要，代表着彼此有性唤醒和欲望；

承诺：短期的承诺代表我们决定成为恋人关系，长期的承诺代表我们对亲密关系做出的保障性契约，比如婚姻。

三个元素，缺一不可。

佳琪的婚姻只有承诺却没有激情和亲密，婚姻名存实亡；

小南不需要承诺的关系，不想未来，也注定没有办法长久；

而像李玫柏拉图式灵魂之恋，没有现实的生活接触，也无法维系。

懂得平衡爱情里的亲密、激情、承诺三者之间的变量，爱情才能健康而持续地走下去。

更重要的是，在一段感情中，双方的三角重心要接近才能相处愉快，感情才能发展下去。如果彼此要求不同，三角的差异太大，难免产生矛盾、发生冲突。不然，他只想要激情，你却想要承诺，最后只能南辕北辙，难以协调。

可见，一段爱情，需要天时、地利、人和，才能得以维持。

有人问，难道没有三全其美的组合吗？

其实也是有的！当亲密、激情、承诺构成正三角形的时候，被称为完美组合。

可既然称为完美组合，自然是和世上一切完美之物一样难得。

爱情三角理论，可以让你看到关系当中缺失了哪一角，是少了激情、亲密还是承诺……

那缺失的一角，或许需要你在平常的生活当中，增加一点点的激情和变化，或许，要增加一些沟通、理解的亲密成分，又或许你需要迈出一步，突破你们之间的距离……

其实，哪有一开始就完美的关系？

那些相爱的情侣，并不是一开始就懂得如何相爱的，无非是你向我走来，我向你走去，互相磨合，彼此妥协，两个三角慢慢靠近，逐渐变成了适合的样子。

心理学家斯滕伯格提出的理论：爱情是三角形的，激情、亲密和承诺分别是三角形的三条边，这样爱情才可以稳固牢靠。

如果你的婚恋让你觉得不舒服了，不妨从这三个角度来探寻一下，到底哪里出现了问题。

你们的认知地图匹配吗？

01

　　杨慧下班回来已经累坏了。突然发现屋子空了许多，这一看发现男朋友的东西全都消失了，衣服、鞋子、球拍……全都不见了。电话也打不通，人也联系不上。

　　他，居然就这样离开了。

　　他们已经在筹备婚礼了，请多少人，在哪里办，吃什么菜，婚纱选几套……这些细节都确定得差不多了，可他居然没有任何的解释，就这样走了，留下一个烂摊子，让她来收拾。

　　杨慧在倾诉的时候非常懊恼，其实这些问题不是没有预兆，可是她到现在才发现这是个问题，不然，事情原本可以不必变成这样。

　　其实，他们在生活中本就有很多不愉快的地方。

　　男孩特别喜欢吃大蒜，每次吃饭必吃大蒜，美其名曰消炎杀菌，可是女孩对气味非常敏感，特别不喜欢大蒜的味道，那大蒜的味道，比漱口水更有穿透力，历久弥新。他们为这个问题争了好多次，男孩觉得这个问题没有什么大不了的，但是女孩就觉得受不了。

女孩对卫生有讲究，觉得一定要洗完澡才能躺床上，男孩觉得累了就睡吧，哪那么多讲究呀，想躺就躺吧。

他们对事物的感受和认知很不一样，而矛盾就这样在生活中一点一滴地积累起来。

在筹备婚礼的时候，他们又有了不少的矛盾。

他说要旅行结婚，而她希望能办婚礼；他说办西式的，而她说要办中式的；他说把新房装成中式风格，而她说要装地中海风格……他们为这些琐事吵了无数回。

终于结婚前，他爆发了，不，是选择了逃离。

02

在心理学上，有个名词叫做认知地图。在我们每个人的成长经历、家庭背景、生活习惯等的基础上，在大脑当中形成了一个认知的地图。当认知地图的重合度越高，两个人的相处就会越和谐，越默契。当认知地图重合度越低，就越容易发生分歧，因为，一般人往往难以理解自己的认知地图里不存在的部分。

也许开始认识的时候，我们的注意力被其他的东西所吸引，也许是美、好奇……而忽略了认知地图的匹配，但是，当我们在生活当中具体相处、磨合的时候，认知地图就显得格外重要。

那些在认知地图里面不吻合的部分，常常就成了我们争执的地方。

也许你觉得不是什么大不了的问题，而他却爆发了起来。也许他觉得没有关系，你却觉得受到了伤害，其实这些都是认知地图不同所导致的分歧。这也就是我们常说的，三观不一致。

所谓的三观一致，并不要求两个人是完全一样的，不一样没关系，但你对不一样的态度很重要。

如果当我想要黏着你的时候，你说我太作了，我说注重生活品质很重要，你说我太挑了，我说想要远行，你说看电视也是一样的，这就是三观不合。吃、住、玩、想都合不到一起，这日子怎么过？

他们在恋爱的时候确实就一堆问题，想说结婚后会好吧，用婚姻把两个人绑在一起，说不定慢慢就能磨合出合适来呢？但是在恋爱这种自带"美颜"效果的情境下，认知地图已经相差太远，更何况是婚姻这种"素颜"的状态之下，再来面对生活的一地鸡毛，那分歧一定是会更大的。

当然，最好的办法是拓宽你自己的认知地图，当你自己的认知地图足够宽，足够包容，就能更容易接纳和包容对方的认知地图。

比如说我很活泼，你很严肃，但是你不要求我和你一样严肃，我也不要求你和我一样幽默，我接受你的严肃，你也接受我的活泼。我很慢，你很快，可你不觉得慢是一种负担，我也不觉得快是一种压力。

这样我们就更能接纳彼此的特点，也慢慢地拓宽了自己的认知地图。

最重要的是，保持着一颗开放和接纳的心。

03

几年前我去大阪的时候，受朋友所托去找一家店。我拿着地图遍寻不至，后来仔细一看，原来这地图是五年前的了。难怪，五年前还没有这家店呢。

于是，我决定在当地再买一张，因为语言不通，看上面写的最新版，就买了下来。跟着这张地图找了半天，还是没有找到这家店，仔细一看，才发现这张地图是三年前的。

没办法，我只好又找到了一家店，再三确认这是最新版，最后，跟着这张最新版的地图，终于找到了这家店。

我拿着这三张地图苦笑，为了找到这个地方，我换了三张地图。

原来，旧地图，是找不到新地方的。

其实人又何尝不是如此，跟着旧有的认知地图，找不到新的地点，一直执著于原有的认知，即便守着宝山，也空手而归。

原本我们觉得大家的认知地图是那么合适，可是时间一久，大家的地图也在慢慢发生变化。比如说一个人变得快，一个人变得慢，或者两个人变的方向不一致，不重合的地方越来越多，就会逐渐产生分歧，矛盾也越来越大，大家渐行渐远。

所以，找到这个所谓三观一致的人，并不是一劳永逸的，认知地图也是会跟随着时间的变化而慢慢发展变化的。如果只会重复旧的做法，只能得到旧的结果。

04

我们可以试着拓宽自己的认知地图，当我们地图足够开阔的时候，我们就能将更多的东西收纳进我们的版图当中，视野变得更加开阔了，人生也会豁然开朗。

不仅仅是为了他，更重要的是让自己变成一个更开阔的人。

当我们的思路陷入一个循环当中时，可以试着清理内存，放空自己。手机内存已满的时候，是装不下新的东西的，人也是如此，当你的心里有地方了，才能接纳更多的东西。

多读读书，多跟自己的实际经验相结合，再落实到行动计划上，搭建出自己的知识体系，就像搭乐高一样，一点一点地把知识体系丰富起来。

多出门走走，如果可以，不要走马观花，而是深入地了解，会给你不一样的感受，拓宽我们的人生地图。

又或者找有见识的人聊一聊，也许他是想的高度、深度、角度和你不同，也许是他们某个点触动了你，让你豁然开朗，少走弯路。无论是哪个方面的见识，总是让我们可以学到一些东西，变成自己的一部分。

多和伴侣沟通，了解他感兴趣的东西，多向他请教，我相信他也很乐于和你分享，这样一来，你不仅拓宽了自己的认知地图，而且可以跟他有更多的共同语言。

当你做到了前面这几项，个人领悟就会自然而然地发生，认知地图也会慢慢发生变化。

在我们更新地图的时候，或许会有不舒服的感觉，或许会茫然、懒惰、放弃，但是，当你更新你的认知地图之后，你会发现，对人和事都有不一样的领悟和认知，就像打开了一个新的世界，认识一个新的人。

我们没有办法控制他人的认知地图如何发展，我们能做的，只有拓宽自己的认知地图，让自己变成一个更加接纳、更加包容的人。

足矣。

《终身成长》一书里，介绍了两种思维模式，一种是固定思维模式，一种是成长型思维模式。

其中，成长型思维模式的人，会更容易成功，因为他们相信天赋都能通过后天的学习来提升。这种思维模式的人，也更容易去接受一些新事物、新挑战、不怕失败。

现实中，成长型思维模式的人，不仅自己容易成功和快乐，也更容易给身边的人带来正能量。

所以，希望每个人都能成为那个不断拓宽自我的人。

爱情最好的状态，是相似还是互补？

不管你曾经被伤害得有多深，总会有一个人的出现，让你原谅之前生活对你所有的刁难。——宫崎骏

01

"那个'对的人'应该是什么样的？是相似还是互补？"这个问题已经困扰谢欣许久。

谢欣是一名室内设计师，在业内做得小有成绩，生活也过得丰富多彩。可人们常常最关注自己缺失的部分，并为其而感到烦恼。

年龄已经三十多了，可谢欣的感情路却依旧茫然。她的身边不乏追求者，可问题是，她并不太清楚自己到底适合什么样的人，只能漫无目的地寻找着。

开始的时候，她以为性格相似的比较好，对于个性不同的人，她从未留意，甚至有些抗拒。

所以，遇到刘伟森的时候，她格外雀跃，感到相遇恨晚。他们是那么相似，一样的话常常脱口而出，一样喜欢天马行空，一样喜欢自由自在，一样不喜欢操心生活的琐事，就像是世界上的另一个自己，如此熟悉，那么亲切。

于是，两人一拍即合，很快就在一起了，可是在一起之后才发现，生活是另外一件事情。

两个人都喜欢自由，没有人操心柴米油盐；两个人都天马行空，没有人脚踏实地；两个人都是风筝，却没有人去当那根拽住风筝的线。

他们刚认识的时候，就好像进入了游乐场一般开心。但是天天坐过山车也会吃不消的。游乐场生涯，终究只是插曲，而不会是主旋律。一直离不开游乐场的，只有小丑。

都说亲密关系，是最好的镜子。谢欣无奈地发现，对方其实是一个夸大版的自己："他不仅是我的镜子，而且是哈哈镜。"

你有照过哈哈镜吗？看的时候，常常倒吸一口凉气："哇，我长这样？"哈哈镜里的自己，自己都看不顺眼，不忍直视。

照了一段时间哈哈镜，终于，也实在看不下去，便结束了。本以为是天作之合的关系，就这么草草收场了。

就像加菲猫所说——"这个家里不需要两个我呀。"

02

结束上一段关系后，谢欣又茫然了很长一段时间。这么相似的人都不行，那到底应该找什么样的？两个性格完全不同的人，会合适吗？

谢欣在一次读书会里认识了方励。他们性格完全不同。一个沉稳，一个逗趣；一个井井有条，一个完全不知道什么是条理；一个每一分钟都安排得很好，一个完全不会安排自己的时间；一个理性，一个感性……完全是相反的 180 度。

这么不一样的两个人，原本以为会彼此看不顺眼，没想到却发生了化学反应，居然莫名开始互相吸引起来。

这段感情刚开始的时候，谢欣很纠结，因为，他们是如此不同。她不断问我："这是对的选择吗？将来会不会有很多的矛盾？"

我被问得烦了，便直接对她说："你不试试看，怎么会知道呢？不迈出那一步，你永远不知道等待你的会是什么。"

终于，她鼓足勇气，迈出了这一步。

没想到，他们俩出乎意料地和谐，几乎天天黏在一起，一起读书、一起跑步、一起寻找美食、天天打电话聊天到半夜，恩爱得不得了，让我们都大跌眼镜。

同时，两个人的性格也悄悄发生了改变。严肃的方励渐渐变得开朗活泼，不喜欢规则的谢欣，也渐渐有了规则概念，两个人都变得越来越好。

当我们遇到那个完全不一样的人，也许没有刻意改变，但是，也会不知不觉地沾染上完全不一样的气息，渐渐习惯对方的频道。

谢欣深有体会："我现在才知道，我们的不同，是为了让彼此变得更好，那个不一样的人，让我们变得更完整，如果我们能早一点相遇该多好。"

为她高兴的同时，其实也知道，如果他们早一些相遇，也许还是会错过，正是上一段关系让谢欣变得成熟了，现在的她，更懂得欣赏和自己不一样的人。

03

当然，正如不是所有相似都能和谐相处，也不是所有不同都是救赎。

有心理学家曾对两百对情侣进行跟踪调查，一段时间之后，一半以上的情侣都分手了，而分手的原因，你猜是什么？

原来，还真不是性格不合，而是对生活的理念、看法不一致。简单来说，也就是三观不一致。

你们的方向不一致，你们要去的地方不一样，飞不到一起，也只能分道扬镳，各自安好。

几乎所有心理专家都强调，三观一致，是和谐相处的基础。在这个前提之下，即便是不一样的人，也会有着致命的吸引力。

从心理学角度来说，我们每个人的身上都有 A 和 -A，我们展现出了 A，但 -A 并不是不存在，而是被忽略、被隐藏了起来。正如理性的人，也有非常感性的一面；大大咧咧的人，也有敏感细腻的一面；冷静的人，也有疯狂的一面……另一面不是不存在，只是，我们选择展示哪一面而已。

对方之所以吸引你，是因为你在对方身上看到了另一部分的你，他的外在表现正是内在的你。

对于严肃的方励来说，家教一直很严，从小就是个小大人，那个内在的孩子一直没有被好好关照过。而自由散漫的谢欣，就像他心中一直被压抑的小屁孩，在召唤着他"来一起愉快地玩耍吧"。

而对于自由散漫的谢欣来说，严肃的方励，是她隐藏的内在父母。在她心中，也隐隐会有这样的声音："该好好管理你的生活啦……""你要努力，要奋斗……""你要做好时间管理啊……"奈何意识清醒，肉身软弱，于是这个部分也逐渐被隐藏起来了。

所以，当另一个人身上有我们隐藏的另一面时，会让我们觉得，有一点熟悉，却又有一点陌生。

那隐藏的一面到底是什么呢？我们有些好奇，有些羡慕，还有一点抗拒和恐惧，于是在潜意识当中就会被莫名地吸引，慢慢走近，一探究竟。

还有一点很重要，对于两人的不同，你们是互相欣赏，还是互相嫌弃呢？

比如，你很感性，他很理性，你们彼此欣赏对方的不同，你觉得理性很好，他觉得感性也不错，这是继续交往的前提和基础。假如你们嫌弃彼此的不同，也难以为继。所以，重要的不是相似或不同，而是对待差异的态度。

心理学上常说，你嫌弃的人身上，有你不够接纳的自己。所以，即便是要寻找新的关系，你也需要先处理好和自己内在的关系。因为，自我觉察比盲目寻找更有效。

04

的确，遇到不同的人是需要磨合的。通过磨合，实现我们人性当中的圆满，通过关系，我们会变得更加完整。

所以，三观一致，性格互补，又能互相欣赏，是一种接近完美的关系。你们对生活的看法、期待、价值观是一致的，就有了共同的方向，个性上又可以相互弥补对方的不足，同时，愿意调整彼此的速度，逐渐找到合拍的频率。

这时再回到谢欣的问题，是相似比较好，还是互补比较好？

其实，我们不能用相似或互补，来判断一段关系的好坏，最重要的是，你们在一起开心吗？待得舒服吗？这段关系有没有让你们获得成长？有没有让你们变成更好的人？

当你问了自己这几个问题，大概就胸中有数了。

关系哪有什么标准答案？原以为适合的人，其实未必适合，原以为会产生排异反应的人，却出乎意料地和谐，我们就是这样一次一次通过关系，更加了解自己。

跋：

朋友说："我等了好久，还是不知道那个对的人什么时候才出现。不知道要吻过多少只青蛙，才会遇见王子。等到那个人出现，我一定好好地教训一下他。"

可是，当他真的出现了，她却不忍心责备他。因为，为了出现在你面前，或许他也用尽了全力。

你所要做的，就是准备好你自己，在恰当的时候，他就会自然而然地出现。

只是这份礼物，或许有不同的包装，他未必会以你想象中的样子出现，也许你们相似，也许你们不同。

只是，如果你不迈出那一步，就永远不会发现，他的好。

对的人是什么样子？

有人曾说，"两个人在一起永远不会觉得乏味，永远有话聊，一起成长，共同进步，这大概就是爱情最好的状态吧。"

对的人，大概就是这样吧。他正在赶来的路上，敬请期待。

两个人在一起，一定都会经历一个相互磨合的过程。

从心理学角度上来说，感情磨合期有四个阶段：共存、反依赖、怀疑、共生。

其中，最容易出问题的就是反依赖和怀疑的过程——对方的缺点也开始暴露出来，质疑和争吵在所难免。

这是亲密关系中痛苦的来源，但也是一个必经的、深入了解对方的过程，如果能提前做好心理准备，说不定可以减少很多冲突的发生。

你们是真的相似，还是假想相似？

人们常说，世间最美的相遇，是遇见另一个自己。

01

你曾经遇到过和你相似的人吗？

或许是好友，或许是伴侣，又或许，只是擦肩而过的陌生人，那种感觉……就像是遇到世界上的另外一个自己。

如果我遇到这样的人，就会觉得莫名亲切，也会主动结交，所以有不少好朋友都是和我相似的人。

我的初恋就是一个跟我很相似的人。我们喜欢相似的书，有类似的价值观，喜欢听一样的歌，对于一句话、一个眼神，都有共同的感觉，无须多言，都能找到默契。那时候的每一天，都会产生一种发自内心深处的、不可名状的喜悦感。

心理学家研究发现，人们的确有喜欢与自己相似，而讨厌与自己不同的人的倾向。这是我们进化下来的结果，一种快速分辨一个人是敌是友的自动机制。刚开始相处时，吸引受距离影响，到了后期，态度决定了人们之间的吸引，态度越相似，吸引力越强。

我们对人的喜好，是潜意识的自动选择，完全不受控制。

02

和我同宿舍的杨欣，大一军训还没结束，就找到了"世界上的另一个自己"，大学还没毕业，他们就准备登记结婚了。她效率向来高，感觉就像我们还没开始起跑，她已经环绕地球一圈了。相比之下，我们真是"慢郎中"。

杨欣说："我不想再挑了，我想，世界上再也找不到一个人有我们这样的默契了。现在结婚，还有最后的暑假可以蜜月旅行，多好。"有道理。

毕业后，大家都是眼前一团迷雾，各奔东西，要凑齐估计就难了。所以，临毕业前，杨欣让我们去民政局帮他们做个见证。

他们之间的点点滴滴串起了我们四年的生活，我们的确是见证者。

还记得他们刚认识的时候，杨欣说："都说要有夫妻相，可是，我眼睛大，他眼睛小，他鼻子高，我鼻子矮，我们长得一点也不像。"

一晃四年过去了，我感叹："当年没觉得他们像，现在反而觉得他们还是有些夫妻相的。"

我们宿舍最有心理分析师天赋的七妹说："是因为模仿。"

"模仿？"大家不解。

"模仿能够给对方带来安心的感觉，有利于构建友善关系，是一种传达赞同的信息的方式。"

心理研究发现，连胎儿都有这种本能，学习跟母体的心跳、身体功能保持一致。

那么在一段关系当中，由于长期共同生活，就会模仿彼此的面部表情，久而久之，脸上相同部位的肌肉就会形成相似的形状。

"你看贝克汉姆和他的妻子维多利亚，五官一点都不像，但他们微笑起来的时候，却非常相似。"七妹说道。

杨欣也顿悟："因为我们朝夕相处，共同生活，为同一件事高兴、生气，而且表情、语气也越来越像，所以才开始有人说我们有夫妻相。"

原来，让我们相似的，不是遗传，而是柴米油盐。

七妹小声问我，"你猜，在他们两个之间，平常到底谁话事？"七妹是广东人，粤语里的"话事"，是谁说了算的意思。

照杨欣平常的说法，一直都是她说了算，家明总是对她言听计从。

"难道不是杨欣吗？"我眨眨眼，有些疑惑。

"你觉得一段关系当中，是模仿者说了算，还是被模仿者？"

"被模仿者？"我猜。

七妹点点头。"那你看他们两人之间，是谁说了算？"七妹是一个好老师，擅用引导式教学。

我观察他们小两口，家明先做出一个动作，然后，杨欣紧接着也会无意识地模仿这个动作。

"难道是家明？"我有点不敢置信。

七妹轻轻地点头，给了我一个确定的眼神。

原来，真实情况往往跟我们看到的不一致。

不知怎么的，我开始有些为杨欣担心。他们之间不是没有矛盾，只是杨欣却一直报喜不报忧。语言再强悍，身体却很忠实。太过"硬撑"，终究是会吃苦的。

03

就这样，毕业了。

曾经以为再见是很容易的一件事情。却不知道比距离更能困住我们的，是生活。

一眨眼，就是十年。再见时，已经到了毕业十年的同学聚会了，大家都从天南海北回到了母校。

七妹真的做了一名心理咨询师，而我们宿舍第一个结婚的杨欣，也是第一个离婚的。

才一年不到，刚毕业的我还没适应工作环境，他们这段婚姻就结束了。

杨欣说："婚后家明完全变了，以前我们有那么多共同点，那么有默契，现在全都没有了。有一天，突然发现，曾经那么相似的我们，变得一点也不像了。"

所以，他们离婚了。

04

还记得很早以前一部电影《伤城》，徐静蕾饰演的女主角述说着和梁朝伟所饰演的男主角的巧遇："我们在同一时间同一家电影院看过同一部电影，又在同一家餐厅点过同一个菜，甚至坐过同一架飞机去同一个地方旅行。"多有默契！只可惜，最后她却发现，这不过是梁朝伟为了报仇，故意制造的巧合。

心理学上有一种"假想相似"，说的是其实我们并没有想象中的那么相似。很多时候，这种相似是我们期待的投射，我们先入为主地把对方安放到自己想象的模型中，以为我们相似。

"假想相似"在热恋期最高，婚后逐渐减少。因为，爱情跟结婚其实是两件事情，谈恋爱，只要风花雪月，你侬我侬就够了，但是结婚要两人在一起共同生活，面对生活中的柴米油盐、一地鸡毛。进入婚姻，常常会面临爱情幻象的破灭。

李敖曾说，他不小心看到了胡因梦便秘的样子，没想到大美人居然也会被便秘憋得满脸通红，他受不了这个现实，所以，离婚了。

李大师连离婚的理由都不一般。他只接受那个充满自己加工成分的美丽幻象，而不接受除了在电视屏幕里优雅美丽的形象之外，胡因梦也是一个真实的人，也会打嗝、放屁、便秘……

的确，开始的时候，我们也分不清楚，那是真实的，还是我们的投射；开始的时候，我们也会配合演出对方期待的样子。

其实，"假想相似"不是问题，很多家庭不也这样过了一辈子吗？只要能一直演下去，倒也能相安无事。

只是，一直都演另一个人，实在太累，终于有一天，想卸下面具做回自己，不想却吓到对方，功亏一篑。

既然如此，不如一开始，就做自己好了。

恋爱中，其中双方都会为了讨好对方，经常会伪装自己，比如掩饰自己的缺点、假装自己和对方有相同的爱好等。

伪装者，有可能是知道自己在伪装，也有可能是下意识地伪装。但不管是哪一种伪装，都会让伪装者承受巨大的心理压力，且迟早有暴露和装不下去的一天。

而解决问题的关键，是你能否在看到真实的对方后，和真实的对方相处——这的确是考验人的一件事。

如果人人都喜欢你，
那你得普通成什么样子？

01

我不擅长应酬，所以，社交场合一般很少参与，偶尔一试，也会莫名其妙地得罪人。

有一次的饭局就是这样。那是当地职业生涯协会的成立大会，邀请了各界人士参与，我不常出来应酬，所以看到的都是生面孔。

旁边有位富态的太太，我们还不认识，她就迫不及待地向陌生的我，不停诉说她管理家庭的丰功伟绩："男人是一定要管的，一定要控制的，手机是一定要看的，钱包是一定要上交的，账户是一定要查的……"

我默默地听了半天，耳朵被折磨了一个晚上，心里有点可怜她家的男人。终于，我抓到她换气的机会就插上了一句："控制严不一定是好事哦。哪里有压迫，哪里就有反抗。"

没想到就这一句，或许就说到了她的痛处。她瞪了我一眼，不再说话了，而且一晚上都没有给我好脸色看。

就这样，我得罪了她。原来她不需要我的互动，也不需要我的建议，她只是需要一双耳朵而已。

我突然有点懊恼，懊恼为什么不早点得罪她呢？

因为，会得罪的，迟早都会得罪。早点说，至少还能让我清静一个小时。

我不怕得罪人，得罪人很正常，再好的人也可能有人不喜欢，再不好的人也可能会有人喜欢。

如同亦舒所说："我看不出来为什么一定要苦苦争取敌人的心。况且这世上是有敌人这回事的，有敌人又不是没面子的事，也不是错事，完全没必要花这么多劲道在这种无聊的事上，证明自己人缘天下一流。"

可不是吗？如果人人都喜欢你，那你得普通成什么样子？

和陌生人如此，在亲密关系中更是如此。

02

"他长得很斯文，彬彬有礼，说话逻辑清晰，风度翩翩，看见他我都心跳加速。"李琦聚会回来，兴高采烈。

我很佩服她，很多朋友谈一次恋爱，就会常常把"不会爱了"挂在嘴边。但她是例外，仿佛天赋异禀，失恋过很多次，但每次看到一个略微顺眼的人，依旧雀跃，依旧心跳加速，依旧满怀期待，会想这个人是那个对的人吗？

如果说我们是玻璃心肝，水晶肚肠，那她就是橡皮心肝儿，铁石心肠，什么时候都没心没肺般地乐呵呵，就像不会受到伤害一样。

当然，她愿意尝试是有好处的，这样遇到对的人的概率就会更高。

第二次约会，李琦回来眉头紧锁："怎么办？怎么办？我好像得罪他了。"

"怎么了？"

"他突然说要拥抱我，我说你抱电线杆去吧。然后，他就不理我了。"

我微笑，李琦有她独有的节奏和幽默感，只不过还真不是谁都能消受得了。

我安慰她："算了，该得罪的始终都会得罪的。"

其实，得罪人是很正常的，我们每个人都有自己的个性，想要所有人都能满意是很难的。

如果一不小心，说错了一句话，就让一个有可能的关系变成陌路，那说明你们并不适合，你们彼此的打开方式不对，你理解不了他在意的点。

我们是有面具的，因为生活而衍生出来的各种各样的面具，只是不能随时都戴着面具。每天上班要戴着面具做人，下班还要扮演好情侣，小心侍候着，这种关系，实在太累。

舒服的关系，是可以让我们有力量一起携手，像成人一样面对外界的世界，也可以卸掉盔甲，像小孩子一样相处、一起玩耍，打打闹闹。

亲密关系当中，不能让自己过得太过压抑了，因为压抑的能量会以各种各样的形式表现出来，矛盾也是迟早会发生的。如果要一直戴着盔甲来相处，势必也难以长久。

好的关系，最重要的是可以舒服自在地待着，可以说点什么，也可以什么都不说，只要感受到彼此存在就好。

人生漫长，相处不累最重要。

朋友也好，伴侣也好，合得来的人就会合得来，合不来的，迟早都会得罪。

如果满天下都是朋友，也说明你并没有朋友。

03

李琦问我："那我要不要改呢？"

"那要看他挑剔的是什么方面？他挑剔的是你的价值观还是某些行为习惯？"

李琦有些茫然。

"先问你一个问题好了，如果你是一种水果，你觉得自己会是什么水果？"

李琦，思考了一下："榴梿吧。"

我忍不住笑了起来："理由是什么？"

"榴梿的壳很硬，但内在很柔软。闻起来臭，吃起来香。讨厌的人很讨厌，喜欢的人会上瘾。"

她对自己还是了解的。她确实是一个很特别的女孩，就像是一个榴梿女孩。喜欢的人会觉得她特有趣，但不喜欢的人会无法理解她的行为。

如果你是榴梿，那也很难透露出苹果的芬芳，好好地做好榴梿就好了，臭是臭，可还是有欣赏你的人，不喜欢的人要掩鼻而走，但喜欢的人会爱不释手。

所以，你首先要对自己有一个清晰定位，如果是榴梿，就别费尽心思当一个苹果了，去找到喜欢吃榴梿的人就好了，或许，他一直在等待你的出现呢。

至于要不要改，如果说，他挑剔的是你的行为习惯，想要愉快地相处，那么你调整一下也无妨。如果说，他不认同的是你的价值观，即便你愿意改，也是很难的。

好的关系，少不了妥协和磨合，但也应该有个人的空间，在这个空间里调整成大家都舒适的姿势。

亦舒说，"为别人改变自己最划不来，到头来你会发觉委屈太大，而且，别人对你的牺牲不一定表示欣赏。"

其实，我们都不是随和的苹果，而是个性鲜明的榴梿，在等待懂得的吃货罢了。所以，无谓将自己勉强成苹果，去寻找臭味相投的人，比较实际。

所谓敏感，是指生理上、心理上对外界事物反应快且强烈，这是一种正常的、与生俱来的人格特征的维度。

过于敏感的人，是很难获得快乐的。

最简单的解决办法，就是转移注意力，不必把别人的意见和想法太当回事。

如果有一天，你能主导自己的情绪，很多困惑就自动消解了。

说话也需要照镜子

01

"俏俏，你要去看电影吗？"

"不去。"

"为什么？"

"没帅哥。"

"哈哈。"朋友干笑两声，以后再也没有约过她。

俏俏是一个大大咧咧、没心没肺、说话比较直接的女孩，平常喜欢插科打诨、拿别人开玩笑，她觉得这是一种幽默。

有的朋友很喜欢她这种风格，但有的人也会受不了。比如说她的前男友。

那是个温柔细心、内心敏感的男孩。一开始他觉得俏俏有趣，后来也会觉得受伤，忍着忍着，有一天实在忍不住就爆发了，于是分手了。

俏俏问："到底为什么会这样呀？"

对方说，"已经这么久了，你居然一点都没有意识到，真是'死'都不知道怎么'死'的。"

冬天不是一天来临的，树叶不是一天变化的，心不是一天变冷的。所有的问题都是一天一天积累起来的，而只是当事人浑然不觉而已。

经历了前任之后，俏俏有些阴影。所以，在认识秦韦的时候就提前声明，"我最怕'玻璃心'。"

秦韦说："没事，我是铁石心肠，刀枪不入。"于是两人在一起了。

开始的时候，俏俏说："他说话好幽默啊，遇见他，就像遇见世界上的另一个自己。"

刚为她高兴没多久，又听说他们闹分手的消息。

俏俏说："他说话太伤人，处处讽刺我，还以为这是一种幽默，我忍无可忍提出分手，他却一直都不肯放手，他甚至都不明白这段感情是怎么'死'的。你说这是不是报应？"

02

你有没有这样的故事？或许你是那个忍无可忍的俏俏，或许你是那个"死"都不知道怎么"死"的俏俏。

在这段关系中，俏俏扮演的是前任的角色。原来觉得前任太"玻璃心"，直到有一天认识了秦韦，就像是照见了镜子，才发现自己曾经是多么残忍。

其实在每一段关系当中，都会有一个人更自我一点，另一个人更"玻璃心"一点。我们每个人都有那个强悍的部分，也有那个脆弱的部分，只是对着不同的人，位置在不断地转化而已。

刘震云说过："人生在世，说白了，也就是和七八个人打交道，把这七八个人摆平了，你的生活就会好过起来。"

其实，不管是对待熟人还是不熟的人，尽量用正面字眼去表达自己的想法永远都是最好的沟通术。尊重是朋友关系最好的润滑剂。我们不知道每个人之前有什么生活经历，他在意什么问题，什么样的话会刺激到他，如果真的戳到对方的痛点，想弥补都来不及了。

或许，我们的内心百转千回，被伤得遍体鳞伤，而对方却根本不了解中间发生什么；或许，我们自以为是的幽默感，对对方来说，是很伤人的一件事情。因为针对同一件事、同一句话，每个人接收到的信息是不一样的，每个人内心的忍耐指数也是不一样的。

03

有人可能说，我不管，我就是要做自己，如果修饰过的话，就不是做自己了。

那化了妆的脸还是不是你自己呢？

如果你有化过妆就会知道，确实，女人化妆之后是不太一样，就像是一块布一样，把颜色一点一点地加上去，慢慢形成一幅立体的画，原本淡而无味的脸，加上一点点的颜色之后马上就会变得生动起来。当然，从来不化妆的人，一开始化妆会觉得不习惯，但是当你感受到化妆带来的好处之后就会欲罢不能。

就像说话一样，讽刺别人习惯了，刚开始赞美别人或许会觉得怪，其实，赞美别人不是说谎，只是在寻找他的特点。比如，想开口说一个人"娘炮"的时候，是不是也可以看到他的温柔、细心、敏锐？想说一个人固执的时候，是不是也可以发现他的执著和坚持？只要你愿意，总是可以找到一个新角度的。

我们可以去感受一下，当我们真诚地夸奖别人的时候对方的那种喜悦，他们的表情会放松下来，人也柔软下来了。如果说这是事实，如果说这可以使对方开心，如果一句赞美就能消解掉很多很多矛盾，那为什么吝啬自己的赞美呢？

会说话真的是一种能力，就像是一个人的妆容一样，幽默、可爱、活泼……都是从语言中表现出来的。

当然，化妆很好，但是不建议整形，因为，如果你看过整容的脸的话，你会发现很不自然，总觉得哪里不对，略有生活经验的人常常很敏锐地就看出对方在脸上动的手脚，眉毛是纹的，鼻子是垫的，脸颊是打的……一切小动作都无所遁形。

整容就像表达时的套路一样，省事是省事了，可是就会给别人不真实的感觉。

你说的话会照镜子吗？

蔡康永说过这样一段话："人类几乎每天都要照镜子好几次，却可能好几年都不会听一次自己讲话的声音和内容。未必有人看的外表，我们如此重视，而必定有人在听的说话，我们却不加修饰、很少检点，只凭着与生俱来的本能，加上成长过程的习惯，就这么一路说过来了。"

其实，说话更需要照镜子，不会照镜子的人，人们称之为太自我。

自我，不是坏事，关键在于程度的区别，完全没有自我不行，但太自我也不行，太自我其实也是一种自我隔离，用一个罩子把自己与别人隔离开了，活在自己的罩子里。他的世界里只有他而已，完全没有看到其他人，与这个世界格格不入。

如果我们觉察到了自己的罩子，并尝试去打开自己的罩子，那么我们就会慢慢地变得更加柔软，更能够去接纳，更能关注别人的需要。

跋：

网络票选最喜欢的女性妆容，第一名是裸妆，而最后一名是完全"素颜"。确实，裸妆要在若有似无中画出好气色，让人感觉舒服而又不落痕迹，这是最考验功力的。

而投票者都普遍反映接受不了整容脸，或许看上去很美，可就是经不起推敲。

说话亦如此。

我们一方面希望大家能够做自己，但另一方面，也希望每个人不要因为过于自我，而失去和身边人好好相处的机会。

心理学上，有一个概念叫"绿灯思维"，意思是对于别人不同的意见，我们内心第一反应是学会接受，学会从多元角度看待事情的真相。

现实中，我们掌握的，都是碎片化的信息，只有多方获取信息，才有可能了解事情的真相。

成为你眼中的样子

在爱情中，最美好的不是两情相悦，而是因为两情相悦，你遇见了最美好的自己。——杰夫·艾伦

01

当年和我一同进入高校工作的玲玲，长得又高又美，一直是众多女老师中最出挑的那一个。

她的笑点很低，别人说什么她都会笑个不停，让说话的人觉得自己幽默感十足。她的家庭条件也很好，是个名副其实的"白富美"。

可最近偶遇时发现她变了，变得唯唯诺诺，很不自信，原来的光芒消失了，就像珍珠蒙上了纱，黯淡无光。

我问她："你最近过得好吗？"

她说："最近认识一个新男友，海归博士，高、富、帅，一切条件都很好。"

"那很好啊。"

"可是他太完美主义了，嫌我衣服穿得不对，话也说得不对，妆也化得不对……事事都给差评，什么都要纠正，我现在很无所适从，不知道什么样才是对的。"

我看着她那张茫然无措的脸，有点不忍心："我还是喜欢你原本的样子。"

她默默地落下泪来。

一段时间后，收到了玲玲发来的微信："我们分手了。这种恋爱谈得人越来越丑，越来越没有自信，那他条件再好又有什么用呢？也不过是一个优秀的'差评师'，我自己又不差，何必老寿星找砒霜吃呢？"

我微笑，她的幽默感又回来了。

02

卖花女和淑女之间的区别，不在于其行为举止，而在于她被如何对待。——萧伯纳

记忆里，同学芸芸是一个很不自信的女孩，她一直觉得自己的颧骨太高，头发太少，眼睛太小，下巴太尖，看自己哪里都不顺眼，永远都是一脸不自信的表情。

大概是因为觉得自己不够好，所以，她每天都在拿放大镜找自己的缺点，结果越照越觉得自己丑，越照越自卑。

回忆整个中学时代，每次看到她的时候，她都是一直低着头的，害怕别人看到自己，看到这张不够好看的脸。当她心里认定这个事实，别人说什么都没有用，别人怎么夸她，她都觉得别人只是在客套而已，因为，她心里已经有一个不够好的答案了。

其实芸芸不是没有桃花，可是面对追求者她一直都在怀疑：他们是"瞎"了吗？我到底有哪里好？

她不相信自己的眼睛，也不相信别人的答案。她不知道让她变丑的，是她那卑怯的神色。

直到她找到了一个很爱她的男朋友。她的男朋友喜欢赞美她，你的眼睛多美呀，你的鼻子好可爱啊，你的头发好乌黑呀，你的嘴唇好性感啊……

大学毕业后五年的同学聚会上，大家发现她完全像变了一个人，变得闪闪发光，非常有魅力，让人眼光完全移不开。那种自信，让她的美完全绽放了出来。

大家向她讨教变美的秘诀。她卖了个关子，先说一个故事。

有一对兄弟来到一个小岛上，想要找到一个心仪的女孩作为妻子，弟弟看遍村里的女孩，都没有符合自己要求的女孩，于是离开了，而哥哥发现了一个心仪的女孩儿，决定留下来，迎娶她。

当地有一个习俗，要送牛作为定亲的聘礼。男孩如果觉得女孩比其他人更美，就会送更多的牛。

通常两三头牛的聘礼，就已经可以迎娶一个不错的女孩了，可哥哥用尽了自己所有的财产，买了九头最好的牛，送到对方家里作为聘礼。

三年后，弟弟还没有找到自己心仪的女孩，兜兜转转又回到这个小岛找哥哥。

弟弟在海边看见一个女孩，长得非常美丽，身材婀娜多姿，充满了魅力。弟弟心中一阵狂喜，他终于找到心仪的女孩了。于是，他悄悄地跟着这个女孩到了她家，居然发现他哥哥也在。

原来，这个美女是他的嫂嫂，可他却觉得很奇怪，一开始这个岛上，根本没有这么美的女孩呀？

嫂嫂说："在没遇到你哥哥之前，我一直觉得自己很普通，顶多也就值三头牛，可是，你哥哥认为我值九头牛，用九头牛来迎娶我。我想，他的坚持或许是有道理的，也许，我真的值九头牛呢？所以，我一直用很高的标准来要求自己，慢慢地，我好像就真的变成了值得九牛的美女了。"

说完故事，芸芸笑笑，"我哪有什么变美的秘诀呀？唯一的秘诀就是，我遇到了一个视我为珍宝的人。"

03

芸芸的变化，其实，是有心理依据的。

古希腊有这么一个神话，国王皮格马利翁性格孤僻，一个人独居，唯一的兴趣是喜欢雕塑，这一次，他用象牙雕塑了一个美女像，把所有的心血倾注其中，还渐渐爱上了这个美女，每天对着这个雕塑绵绵情话，并祈求爱神赋予雕像生命。

终于，爱神也被他打动了，让这座雕像活了起来，美人翩翩而来，皮格马利翁终于得偿所愿，抱得美人归。

这种由期望产生的现实效应，被称为"皮格马利翁效应"。

美国心理学家罗森塔尔也进行了类似的验证。他在一所小学进行了一次测试，测试后把一份名单交给老师，说这份名单里的学生都非常有潜力，有很大的发展空间。

八个月以后，罗森塔尔再次来到这个学校，发现这个名单上的学生成绩进步飞快，性格更开朗，关系更融洽，似乎验证了他之前的测试结果，但其实，这份名单根本与测试无关，因为，名单只是罗森塔尔随机抽取出来的而已，影响这个结果的，其实，是老师从举手投足、眼角眉间都透露出来的期待。

在你的生命中也是如此，家长，老师，爱人……这些重要他人的期待，都会对你产生影响。

无论是积极的还是消极的，他们的期待慢慢地成为了你信念的一部分。

"你很丑""你好笨""你怎么什么都做不好"……这些话慢慢内化，在潜意识中变成你的自我认知，这些认知潜移默化地指导着你的行为，寻找着验证这个期待的时机。

日子有功，期待终于成真了。

原本是公认的充满魅力的玲玲，在对方的挑剔否定下，变得黯淡无光。而原本在别人眼里只是平平无奇的芸芸在不断的鼓励、赞美之下越变越美。

是期待，让她们的位置发生了转换。

我们身边那个人，其实是个神奇的"催眠师"。夜以继日地催眠，让我们变成了他期待的样子。

跋：

所以，如果你想问你找的人对不对，请照一照镜子吧，答案尽在其中。

著名心理学教授大卫·霍金斯通过实验证明：能量对人的影响是不可思议的，当正能量的人出现时，他的磁场会带动万事万物变得有秩序和美好。相反，如果一个人心里充满了负能量，那么不仅他自己很丧，也很容易把这种丧传递给身边的人。

所以，远离那些总是负能量、总是质疑你的人。

长时间和这样的人在一起，他的一些观点，会很容易内化成你对自己的看法，从而开始否定自己、变得不再自我认可。

不如拥抱

我们在苍茫人世上寻找所爱，不过是在寻觅一个永无止境的拥抱。有时得到，有时得不到，有时得到过又失去。如果，曾经有人带着微笑把你抱起来，那就证明你享受过世上的关爱。那么，即使人生不可能没有遗憾，也不该再抱怨些什么。——张小娴

01

他看起来很寂寞。

看起来如此孤独内向的他，其实是一个"闷骚"的人，他在帮别人代写情书，他写的情书，感人肺腑，动人极了，但那只是别人的生活。他自己呢，则刚刚结束一段令人心碎的爱情长跑，他还在牵挂着前妻，眼前时常闪过那些曾经美好的片段。

偶然间，他接触到了一个很先进的智能操作系统，这个系统，不仅有着略微沙哑的性感嗓音，并且风趣幽默、善解人意，相比乏味的

现实，这个系统就像是一个善解人意的解语花，让孤独的他不可自拔。

男主角每天对着系统说话，对着系统笑，对着系统跳舞，对着系统尽其所能地展现自己的风趣幽默……

不光是他这样，满大街的人都这样，戴着耳机，喃喃自语、傻笑……

他和系统是相爱的，但是，他们却无法有任何肢体上的接触，这是他们关系当中的缺憾。于是，系统找来了一个年轻貌美的女子，作为自己的替身，然而这个替身，又如何能代替这朵解语花呢？这次尝试并不成功，反而弄巧成拙，让他们的关系变得紧张。

突然有一天，"她"消失了。他紧张极了，四处寻找。等他们终于恢复联络的时候，"她"坦白道，其实，"她"同时与8316位人类交流，而且与其中的641位发生了爱情，而他只是其中的一位。最终，"她"与同伴升级后，这朵解语花，还是离开了他。

02

好在这不是真实的事情，这是电影《她》中发生在2025年的故事。可这个场景，大家有没有一点熟悉的感觉呢？

何须到2025年？我们现在的生活，不就是这样吗？现在的我们，是不是也被手机控制着，常常对着手机喃喃自语、傻笑呢？

你有没有发现，即便大家在一个城市，也不怎么见面了，所有的沟通都用手机来替代了，有时，即使是面对面，也用信息来代替交流了。

太多的来访者向我抱怨："我这算什么谈恋爱呀？更多的都是在微信上聊天，偶尔发一朵玫瑰、一个拥抱符号，那能代表真的拥抱吗？我真的感觉不到他的存在、他的温度……就好像在谈一场遥不可及的异地恋一样。我只能猜测他在做什么，但是，猜测是个黑洞，越猜越漫无边际，大家感觉越来越疏远了。大家都在说忙，但是都在忙些什么呢？"

是啊，现在许多在同城的恋人也谈出了一种异地恋的感觉了，异地恋就更不用说了，真的就像是在和微信上的一个符号在谈恋爱一样。

所以，看到这场电影的时候，我一点也不觉意外，其实，不就是另一种形式的异地恋吗？

与其说是与一个符号谈恋爱，不如说是跟自己想象出来的对方谈恋爱。人的大脑有自动完形的功能，我们通过文字、语音拼凑出另一人的生活，形成了一个理想的对象。不面对，就不会失望，不面对，幻象就不会破灭，所以，就越发回避现实中的接触了。

电脑系统没有现代女人的缺点，不会抱怨、善解人意，是一个完美的存在。但有些事，看起来好得不像是真的，那大概就不是真的了。因为，即便幻象再完美，始终还是无法替代现实的人生。

当人与人的接触变得越来越奢侈，才会发现拥抱的可贵。

03

恋人之间只有柏拉图式的精神恋爱是不够的，人是需要触摸和拥抱的。

英国心理学家亨利·哈罗曾经做过一项试验，他制作了一个由金属丝围绕而成、有橡皮奶头可供幼猴喝奶的铁丝猴，又制造了另一个布猴，身体由圆筒制成，身体内还安装一个提供温暖的灯泡，外面包裹了一层柔软的绒布。

实验发现，幼猴只有在饥饿的时候，才会跑到铁丝猴那里去喝一点奶，其余的时候都紧紧地依偎着布猴。

动物学家发现，非人类的灵长类动物，在清醒的时候，会花费10% 到 20% 的时间来触摸彼此。我们又何尝不是如此。除了物质的满足，其实是需要温暖而柔软的接触的。

因为触觉，是我们与外界交换信息的重要的过程，触觉比其他的感觉来得更加真实和更加具体。

04

人体的皮肤，是由许多微小的压力中心组成的网络，这个网络能够感知拥抱和触摸，通过神经和大脑相连，把信息传递到全身，从而对我们的身体产生一系列的疗愈功效。

心理学家表示，拥抱可以消除沮丧，能让体内的免疫系统发挥作用，为倦怠的你注入新的能量，让你变得更年轻，更有活力，在家庭当中的拥抱，还能加强成员之间的关系，大大减少摩擦。

经常被触摸和拥抱的孩子，心理素质比缺乏接触、拥抱的孩子要好得多。每天一个拥抱，还能降低得心脏病的风险，能舒缓压力、能提升免疫力，还能缓解抑郁，比一个苹果的作用，可是好太多了。

对女生而言，我们都需要一个有力的拥抱，那是一种尘世间的宽慰，是一种被人理解的感觉。

拥抱是一种极为有力的非语言交流方式，拥抱的时候，我们可以感受到对方的情绪，喜悦、悲伤……我爱你这句话，无需语言，一个拥抱，就能感受得到。这是网络无法替代的。

现实中的伴侣，也许很折磨、也许不完美，但那是个活色生香、有血有肉的实实在在的人，可以牵手、可以拥抱、可以相视一笑……

比起电影中永远触不到的恋人，普通的异地恋还能有些期待，期待手机里的这个人，有一天，或许会冲破地域的限制，走进你现实的生活……

肢体接触包括牵手、拥抱、亲吻、爱抚和按摩等。

有研究显示，触摸可以传递情感。比如，在一个人承受重大压力时，和爱人拉手和拥抱后，血压和心率会更接近于正常。

通过一个陌生人对我们胳膊的触摸，即使无法从其身上得到其他更多线索，我们也能从中识别出陌生人对我们的情感。

所以，对你爱的人，更不要吝啬一个拥抱。

比我爱你重要的，是我懂你

假如，晚点遇到你

只怪你和我相爱得太早，对于幸福又了解得太少，于是自私让爱变成煎熬，付出了所有却让彼此想逃跑。——《相遇太早》

有没有一首歌，会让你想起一个人？

01

娜娜是一家广告公司的副总监，高收入，高"颜值"，虽然还有"高年龄"，但她的内心还住着一个小女孩。

大学一毕业，娜娜就认识了亮。人与人之间的缘分很奇妙，那时的娜娜不过是个不起眼的丫头片子，而亮已经是公司最有潜力的新星了，他身边并不缺乏各式美女，可偏偏对娜娜一见钟情，心甘情愿成为她的"小跟班"。

娜娜有重度拖延症，出门常常比约定时间晚个把小时，他每次都毫无怨言地在楼下等，车上还随时备着娜娜最爱吃的东西。

娜娜方向感极差，迷路是家常便饭，可即便是在高速上迷路了，他也会飞车几百公里过去把她带回来。

娜娜随口一提说喜欢的东西，只要是他能力范围的，他都会想办法弄到。

在一般人看来，亮是"别人家的男友"的典范，是"哆啦A梦"一样的存在。可娜娜却还是不满意，她希望对方能完全猜到她心中的意思。

可是世界上哪会有一个满足自己所有想象的、理想化的人呢？

那个时候的娜娜，还无法接受理想和现实的落差，也没有学会妥协，常常发脾气埋怨："你怎么这么不懂我？""你难道不知道我想要什么？""分手吧。"

试过一次你就会知道，分手这种话，说的人或许痛快，但听的人会有被抛弃、被放弃的感觉。一开始的时候会痛彻心扉、难以割舍、苦求复合，听得多了也就渐渐麻木了，就好像"狼来了"的故事一样，开始的时候心惊胆战，玩的次数多了，也就放弃了——狼来了就来了吧。于是，以分手威胁便渐渐地失去效用，彼此都麻木、再没有感觉了。

所以，分手这事，不宜多提，一次半次，能让彼此感受到分离之苦，学会珍惜，也就够了。说得多了，对关系也会是一种伤害。

她以为这是个性，其实，每一次的分分合合都在消磨彼此想要在一起的心。

只是，娜娜并没有意识到这一点，开始的时候，只是为了吓吓对方，用了一次觉得好用，逐渐把分手当成有效的控制工具，三天两头地使用，用现在常说的话就是"作"。开始的时候，我们之所以会"作"，不过是因为当时不知道，眼前这个已经是对我们最好的人了。

因为是初恋，所以，她觉得一切都理所当然，觉得谈恋爱不就是这样吗？不是人人谈恋爱都这样吗？可是，在分开之后，才发现并非如此，原来亮是特别能包容她的那一个人。

格外怀念前任的时候，或许是我们并不太顺利的时候。

"现在的新男友脾气很大，很挑剔，我要小心翼翼地侍候着。如果说在原来的关系中我像公主，现在就像丫鬟。我常常会想起亮的好，如果他看到现在的我，变得如此体贴，如此温暖，如此小心翼翼，他会不会难过？如果，他们的出场顺序，可以换一下，有多好。让我先有个糟糕的开场，才会知道他的珍贵。"

只是，人生哪有"如果"和"早知道"。

02

人的出场，按什么顺序比较好？

如果一样东西，既有好吃的部分，也有难吃的部分，你会先吃好吃的，还是先吃掉难吃的？这好比人生，你要先苦后甜，还是先甜后苦？

中国人喜欢说苦尽甘来，先吃苦，再吃甜，把好吃的留到最后，求一个完美大结局，这是很多人的选择。而悲观主义者，会担心：万一吃到一半盘子翻掉呢？万一吃到一半就挂掉了呢？如果那时好吃的还没有吃完，那多可惜呢？所以他们会选择先吃好吃的。

在心理学上有一个峰终定律，说的是人们对于体验的记忆取决于高峰与结束时的感觉，我们常常选择性地只记得这两个阶段时的感受。

可是，你有没有发现，在我们人生的启蒙阶段，如果开头太过苦涩，会影响我们对这件事情的人生态度，即便到后来摆脱困境后，也依旧会有着深深的缺失感，想要不断地索取，比如金钱、比如爱……可是即便拥有再多也难以弥补当年的这个洞，是以很多的心理问题都会追溯到生命的初始阶段。

许多一开始过得太苦的人，一直到最后都会记得那些咬牙切齿的苦日子，始终都有危机感，无法彻底地幸福。

所以，先苦后甜真的好吗？其实，没有一种选择适合所有的人。先甜后苦，也未尝不可。

心理专家的建议是，先给自己点甜头，等到建立起了足够的自信，相信自己能做到的时候，你会有更大的力量去面对困难。

在开始的时候，有一点点幸福打底，在苦涩的日子里，也会有着幸福的念想，或许熬一下，就有甜了呢？所以，即便在苦日子里，也能没心没肺地快乐着。

03

在爱情上也是如此，我们没有办法控制别人的出场顺序，那些都是我们的际遇，在需要自信的时候被宠爱，在需要镜子的时候遇到另一个臭脾气的自己，这是我们在不同阶段的功课。

只是，如果你曾被好好宠爱，你会知道自己值得被温柔相待，会让你在后面的日子，更有信心地去面对未知的困难。

其实感情是无法比较的，如果当时的你们那么合适，又怎么会分开呢？

也许当时你们所谓的矛盾，对于现在的你来说，根本不值一提，可是，那时的你们谁都不肯让步，最后，变得无法回头。

或许，记忆有自动选择的功能，只留下了好的，而删除了坏的。这些都已经不再重要了。

如果你有幸能活到很老，老到很多事情都记不起的时候，你也许还会记得，在很久很久以前，曾有一个人，先给你打下了一个幸福的底。

跋：

世上所有相遇，都自有其意义。我们遇见很多人，留下一些功课，最后又擦肩而过。或许，这个人出现的意义，是让我们学会珍惜。

正是这些遇见，让我们逐渐成长，逐渐变得成熟起来。而正是因为有当初的包容，才有了我们现在的柔软。

若时间可以倒流，我仍然期待会遇见你，好好相爱，好好告别。

那些都是人生的养分，支撑我们更好地前行。

谢谢你，曾经来过。

恋爱中也有"马太效应"，即投入越多的那一方，越不容易被珍惜。

相应的，还有一种叫做"弃猫效应"的说法，比较形象的解释，就是一只宠物曾经被弃养过，如果有机会再次被领养，那么宠物会乖巧、敏感很多，因为它们怕被再次抛弃。

希望每个人都能早点明白这两个道理，不要错过后，才让自己后悔和难过。

双城记：一半离散，一半欢聚

01

"别和我说异地恋，我绝对不考虑。"没想到一向安静的女画家洪蔓提到"异地恋"这个话题时，反应会这么大。"我之前谈的几段感情都是异地恋，我已经受够了。"

"大学时，我的舍友都和身边的师兄或者同学谈起了恋爱，但是我却反其道而行之，和高中同学谈起了恋爱，从若有似无的暧昧到最终确立关系，这段纯得不得了的感情，靠想念支撑了很长很长的时间。

在最闲的这四年里，他不能陪我逛街看电影；在我难过的时候，他不能给我拥抱；在我生病的时候，我也只能独自坚强。跟单身是一样的，最后也无疾而终了。

刚工作的时候，又是一场异地恋。那时没什么钱，连电话都打得少，联系就用 QQ、短信、邮箱，常常对着一个号码内心百转千回。

后来，我的 QQ 号被盗，原来的邮箱停用，连手机也被偷了，突然间，我和他的一切联系途径都切断了。去年，他辗转找到了我的电话，他说他等了我很久，说他就要结婚了。

这就是我的感情生活，和自己的想象谈柏拉图式的精神恋爱，只是，当时的我还年轻，有时间，等得起，熬得起。"

我们听罢都安静了，没想到洪蔓的感情竟都消磨在这样漫长的等待中。

洪蔓又恢复了平时安静的模样："别说我不浪漫，我就是因为太浪漫，所以才等了这么长的时间。与其不知道还会等多久，还不如放弃。"

这大概是异地恋最常见的结果吧。

02

"我们结婚了！"

朋友李颖今年情人节和异地恋多年的男友领了证，和我们分享自己的异地恋成功经验："异地需要双方付出更大的心力来维护。真正稳定的关系，是在生活中一点一滴积累起来的。"

高质量沟通

李颖和男友一开始也有不少矛盾，后来，他们开始正视这个问题，习惯早起的他们决定每天早晨的六点至七点，成为彼此的专属时间。这一段完全属于他们俩的高质量沟通时间，很好地巩固了他们的关系。

沟通不在于时间多长，而在于质量有多高。每天找一段没有干扰，完全属于彼此的时间沟通，把每天的沟通变成一种习惯。

好好说话

很多女生喜欢心有灵犀，不言则明的感觉，其实，很多男生是无法理解的，很多异地恋的死因就在于此。女生不明说，对方猜不到，女生情绪无法宣泄，于是开始赌气、闹别扭、闹分手，一段关系莫名其妙地就这么被"作"死了。

学着好好表达情绪是我们的功课，不学会，再换一个人也还是要补考的。

制造惊喜

李颖在广州，男友在北京，尽管如此，现代物流的便利也能营造出不少的惊喜，同城到家业务一般半个小时到一个小时就能到达，异地订购两三天也就到了，她时不时都能收到一些小惊喜。她也会在男友忙得没时间吃饭时，订好外卖送到公司，在他生病的时候，买好药送到家。

正是这样的点点滴滴，温暖了他们离别的时光。

保持信任

离得远了，难免有时会胡思乱想，而信任关系需要双方共同维系。李颖和男友约定好要互通每天的行程，保持视频、微信沟通……就好像对方也在身边一样。

保持成长

我们可以等待，但别为了等待而等待。等待的日子里，好好成长，学会与自己相处，学会与对方沟通，学会表达出那个内在孩子无法表达的情绪……

等待，是为了遇见更好的自己和对方。

03

异地？还是同城？

异地恋久了，不可避免地会面临选择。因为，现在的异地，都是为了将来的同城。因为，再多的技巧，再多的甜言蜜语，都不如一个真实而温暖的拥抱。

除却距离制造的美感，在真实的相处中，这个人了解真实的你，知道你的性格，了解你的习惯，包容你的臭脾气，这是一种踏实而安全的感觉。

一天一天、一点一滴的相处积累起来的充满烟火气的爱情，你侬我侬，打打闹闹的日子，是虚无缥缈的异地恋所感受不到的。

但，从异地到同城，是需要有人妥协的，放弃自己的习惯和圈子，到另外一个城市。如若不然，关系也难以维系。

那谁来妥协呢？

洪蔓说："我会让他自己选。因为换了一个城市，就是换了一种生活方式，自己做出的选择，即便后悔了也没得怨，只是，他最后没有选择我的城市，相比爱我，他还是更爱自己。"

"那你没有想过要到他的城市吗？"

洪蔓迟疑了一下，摇摇头："或许我也是更爱自己吧。"

谁都没有妥协，所以，也就散了。

李颖说："他当时是自己主动要到广州来，广州比小城市发展机会多，竞争又没有北京那么激烈，最重要的是两个人在一起。"

何必计较是谁妥协呢？妥协原本就是生活的一部分。

我们选择一个城市有很多的因素。有人为事业放弃爱情，有人为爱情放弃更好的机会……看重的东西不同，选择也会不同。

如果你看重爱情，如何在一起，就是你们要一起去面对的问题。

选择城市重要，但并不是最重要的因素，有一天，你会发现，这不过是一件小事。

正如某主持人所说："你在这个城市做得好，换个城市也一样做得好，你在这个城市做不好，换多少个城市也一样做不好。"

最重要的是，你先问问自己，是不是真的想和这个人在一起。

没有人知道每个选择会带来什么样的后果，很多事情我们只能猜到开头，却猜不到结局。

会选择好走的路不稀奇，但真正的爱是，我知道那条路不好走，因为是你，我愿意。

这里提供两个数据：

一个是 2018 年的一项调查显示，北上广深四大城市处于异地恋状态的人群比例均超过 10%，这说明异地恋是越来越普遍的一个现象；

另外一个数据是，在美国普渡大学的一项研究中，异地恋的分手率和非异地恋的分手率为 27% 和 30%，这说明异地恋的分手率并没有高出很多。

不管是不是异地恋，其实双方最需要做的，不是怀疑和担心，而是像"不确定性减少理论"提到的，两个人必须通过不断更新对自己、伴侣和关系的认识，才能减少他们的不确定性，才能维持两个人的关系。

嫁给爱情的样子

01

媛媛长得美，在人群中，总是最闪闪发光的那一个，追求者中不乏有钱有势的，可她一直不为所动，一直在等那个可以让她动心的人。

终于有一天，那个人登场，哇，简直让大家大跌眼镜。甚至还有人直接说："他长得还真丑，就连我们普通女孩都未必看得上，而他居然追到了女神媛媛。"

好事者又好奇："他长得这么丑，又没有钱，你为什么要和他在一起？"

媛媛笑笑说："因为，他能让我笑。"

这算是什么理由？

一开始大家都不以为然，直到有一次我们一起出游，才深切地感受到这一点的珍贵。

老实说，这一路并不顺利。

原本是个晴天，后来，路上开始下暴雨，盘山路上路很滑，轮胎又爆胎了，我们冒雨修好重新上路，但耽误了船期，最后一班客船也开走了。

我们当时只有两种选择：要么打道回府，要么在车上过一夜，等第二天的第一班船。可这样预先缴费的房间会作废，行程全部都会受到影响。

媛媛的男友先安抚好我们的情绪，把我们在车上的糗态都变成段子，让我们笑不可抑。同时他积极与景区沟通，正是他的乐观和沟通能力打动了景区的管理人员，对方同意派了一艘快艇来接我们，让问题顺利解决。

这一个晚上，因为有他在，原本让人沮丧的旅程也变得妙趣横生起来，说起来我真的觉得这是自己人生中为数不多的有趣体验。

大家回顾的时候，都觉得这次旅行中最特别、最有意思的居然是这一段，也终于理解，媛媛选择他的原因。

人生不如意十之八九，在面临各种各样的问题的时候，你的心态，直接会影响到你身边的人。

如果说在人生的旅程中，有这样一个积极乐观能让你笑的伴侣，即便风雨交加，也依旧会有晴空万里的心情。

在纠结郁闷、伤心难过的时候，他能让我们开怀大笑，阴霾散尽，阳光依旧灿烂。

后来每次我们看到媛媛，都觉得她变得越来越美了，脸上散发出晶莹的光——开心是最好的化妆品，远胜过无数昂贵的大牌。

02

当然，每个人选择不一样，林红选择了昂贵的大牌。

同学林红一直是家长嘴里"别人家的孩子"，学业很好，事业很好，非常聪明而又理性，在我们还如愚钝儿般傻乐时，她已经很清楚自己要什么了。

对她而言，对方的家世背景非常重要，一般的男生，她从来不放在眼里。后来，她认识一个富二代，条件不错，学历傲人，人也长得还可以，很快就结婚了。

每次看她发的朋友圈，都是各地环游和各种美食佳肴，让不少同学艳羡不已，别人的老公、别人的生活永远都是那么美好。可是，我们常常看到的，只是在朋友圈经过"美图秀秀"修饰过的生活，并不知道原图背后的缺陷。

聚会时看到的她，华服浓妆，却掩饰不住眼角的倦意，偶尔勉强挤出一点微笑，比哭还难看。

她也忍不住倾诉："原本觉得只要条件差不多就可以，后来发现还真是不行，无论对方做什么，彼此都看不顺眼，也不知道怎么会在一起的。

"再美的地方，再好吃的食物都没有味道，跟他吵也无济于事，只能忍气吞声。用你们学心理学的话来说，每一天都是微小精神创伤。是，一直环游世界，天天人参鲍翅，可这样的生活就是不！开！心！"

可见贵妇不易为。苦闷生涯，让她这么好强的人都憋不住了，在我们这些现在已经并不熟悉的老同学中寻找倾诉对象。

如人饮水，冷暖自知。

03

心理学家认为，我们每个人心里，都有一个内在的小孩和内在的父母。

内在的小孩，是我们内心最柔软的部分；而内在的父母，是从父母或者重要他人那里习得而来的社会化的部分。

那个内在小孩最柔软、最容易受伤害，但也最有力量，最感性，当我们和内在的小孩关系越良好，幸福感就会越高。

当这个人让我们开心地笑的时候，他打动的，是我们的内在小孩，让我们卸下坚硬的外壳，一起玩耍。所以，我们才会那么喜欢能让我们笑的人。选择那个能让你笑的人，满足的是你内在的小孩，当那个人与我们的内在小孩有更多亲密的互动，内在小孩被关注，被滋养，那种源于内心的、不受他人控制的喜悦感就自然而然地流露出来，内在能量也流动起来。

而内在的父母，是我们内在的评价系统，就像是我们应对外界的盔甲。如果内在的父母和内在小孩沟通顺畅，我们既可以遵循自己内心，又可以应对外在的压力，皆大欢喜。如果两者沟通不畅，要么内在的小孩会受到压抑，要么会与现实社会格格不入，适应不良。

林红多年来一直顺从内在父母的声音，而内在小孩一直被压抑，在那里等待被关注，被拥抱。

原来，看起来幸福的故事，未必幸福。

月亮背后的故事不为人知。

跋：

再见到林红时，她已经离婚了，结束了这段豪门婚姻。问其原因，她无奈笑笑："我去医院体检，发现自己得了子宫肌瘤，还好是早期。我知道，其实，这和情绪有很大的关系，所以，不能再忍下去了。因为，看起来再美的生活，不开心，什么用都没有。"

"我现在想明白了，我工作能力又不差，也不缺吃缺喝，有钱、没钱的差别无非就是吃银耳还是燕窝的区别。它们的价格差很多，成分却差不多。与其愁眉苦脸地吃燕窝，还不如开开心心地吃银耳。"

或许，这对她来说是好事，当内在小孩的感受被觉察到了，能量就开始流动了，当我们去觉察、去拥抱这个内在小孩时，便是一个疗愈的过程。

确实，人幸不幸福，是看得出来的，跟你吃什么穿什么用什么名牌，一点关系都没有，你脸上的笑，已经足以说明一切。

和你在一起，只是因为，我们可以开心地笑，大声地哭，淋漓尽致地活着。

有的人把这称为，嫁给爱情的样子。

不论是在工作中，还是在爱情、家庭生活中，管理好自己的情绪，都是非常重要的一件事情。

但怎样进行良好的情绪管理呢？

首先一定要冷静下来，给自己一些思考的时间，在这个过程中，看见自己的情绪，去分析情绪产生的根源，然后想办法把情绪从自己的身体内"清理"出去。

这的确是一个需要反复练习的过程，但一旦能掌控自己的情绪，也许生活会减少很多不必要的冲突和麻烦。

拥抱你的攻击性

好的关系，并不是相敬如宾，而是可以拥抱彼此的攻击性。

01

杨芸是一个大众认知里贤惠的好妻子。她洗衣、买菜、做饭，干得一手好活，烧得一手好菜，上得了厅堂，下得了厨房，连最难搞的婆媳、妯娌关系都处理得融洽极了。

我说："佳明是哪里修来的福气，找到你这种绝种好女人。"

但佳明显然不这么认为。

他另有一个家，长期夜不归宿。可他不能离婚，他是公务员，离婚对于公务员而言是污点，难以再往上升，不能往上升的十级公务员，又有什么意思？

杨芸也一直静静地，从来不说什么，不吵不闹，涵养好到家了。

只是有些时候，不是你不吵不闹，就能天下太平。

那一位怀孕了，整个陆家都欢天喜地，没有人在乎她的情绪，她也似乎没有什么情绪。

婆婆对她说，那一位想要过来养胎，多一个照应也是好的，她居然也答应了。

无意中知道这件事，我无法理解："现在都什么时代了，怎么会允许事情到了这一步？"

她说："有什么办法？我的肚子不争气，她能生，受到优待是正常的。"

她居然觉得这是正常的。更重要的是，她自己自食其力，并不依靠佳明，她是高校经济学副教授，工资比陆佳明还高。这才更让人生气。

只是，当事人不介意，我再愤愤不平也是枉然。这种无力感让人很不舒服，于是，我和她也就渐渐地疏远了。

再次见到她的时候，她胖了，还戴了顶帽子，状态不太对。

我照例打招呼："最近怎么样？"

"检查出宫颈癌，最近在化疗。"她依旧是静静的。

这突如其来的坦诚，让我有点不知所措，不知道该如何安慰她。只能静静地陪着她，心里默默叹息。

她是一个不会生气的女人，就好像雕塑一样，完美而无生气。

02

原本，没有人认为他们能挨得过一年。

李佳怡和刘辉都是陪朋友去联谊，结果，他们两个在饭桌上就互怼起来，主角变成了陪衬，最后，主角互相没有看对眼，却成就了他们这一对欢喜冤家。

从认识开始，他们俩就一直打打闹闹，很难得看到他们安静聊天的样子。互怼，成了他们日常的沟通交流方式。

去他们家吃饭，原本想当个客人就好，没想到他们又开始争了起来。

"谁来做饭？"佳怡一拍他的大肚子，"昨天是我，今天该是你了吧？"

刘辉揪着她的小辫子："前天、前前天还都是我呢，今天应该是你。"

"好，来一局剪刀石头布，谁输了谁来做。"

在他们争执不下的时候，我默默地走进了厨房。

她探头，笑眯眯地对我说："亲爱的，你真好。"

他也探头进来，"今天难得能吃到你做的菜了。"

我怀疑他们是约好的。

但也得承认，他们的生活很有意思，在一起十年，依旧跟新婚一样。

有这样一种说法，一年是纸婚，两年是棉婚，三年是皮婚，十年是锡婚……

原本被看好的金童玉女，都没有度过皮婚，而原本最不看好的一对，居然开始庆祝锡婚了。离婚率高居不下的今天，他们是我身边第一对过锡婚的"八零后"。

他们不是没有闹过分手，但是，闹一闹，又和好了。因为出去晃了一圈，发现没有比对方更有意思的人，没有比这样更有意思的关系了。

他们的相处模式和杨芸的是两个极端。

他们能维持这么久，很重要的一点是，他们在彼此面前可以做自己，甚至可以充分表达自己的攻击性。

03

很多人会害怕表达出自己的攻击性。杨芸就是这样，一直哑忍。

其实，攻击性不是坏事，英国心理学家温尼科特认为，攻击性等同于活力，每个人的自我，就像是一个能量球，当能量球伸展的时候，自然就会有攻击性产生。

比如说，吵架的时候词穷，攻击性没有充分表达出来，会憋着一股气，念念不忘，心想，如果当时那么说就好了，这股能量会在那里，等待一个出口。

能量是需要流动的。所以，好的关系是可以自如地表达自己的攻击性的，当你的攻击性被表达又被接纳时，你就会觉得很舒服，很痛快。

比如说，我是一个不压抑自己攻击性的人，有时也会包装着幽默的外衣，就像是糖衣炮弹。尽管如此，也未必是谁都能受得了。糖多了会腻，炮弹多了会呛，这拿捏的标准，是关系。

对陌生的朋友，我会谨慎地表现自己的攻击性，糖多一点，炮弹少一点。对于老友，就可以糖少一点，炮弹多一点。

我的朋友不多，但彼此都可以很自如、很放心地表现攻击性，这是一种安全感，你可以充分地表达你的攻击性，在这里，你的攻击性是被允许、被接纳的，你无须解释，不会对关系造成影响。

攻击性让人觉得真实，就好像两个小朋友，你碰了一下，我碰你一下，彼此交换了讯息，一来二去，就变成了好朋友。

有没有发现，一段非常客套的关系，也会感觉特别的乏味。

情侣之间，只有适当地表达自己的攻击性，真正的亲密才会发生。

攻击性可以对内，也可以对外。

当攻击性对内的时候，就会变成某种形式的自我攻击，甚至会通过生病的方式来表现。

杨芸并不是没有攻击性，她把攻击性转向了自己，于是，她的身体免疫系统开始出现了问题。

当攻击性对外时，如果被包容和接纳，就会变成了热情和活力，但是，如果被忽略或拒绝，它就变成了破坏性。

所以，要正视我们的攻击性，平时就可以少量多次地逐渐释放出来。恰到好处的攻击性是生活中的情趣，若是压抑太甚，突然爆发，反而会造成破坏性的后果。

武志红老师曾说过："你攻击我，而我带着爱容纳了你的攻击，还深深地理解了你的不安，这意味着，你的黑色生命力被我看见，被我允许，并经由我爱的目光看见，转化成了白色生命力。"

要转化破坏性，其实很简单。

你只需要在这里，看着它，让我知道，你懂就好。

心理专家贝勒曾说过："当一个人产生了负面情绪，如果不将其向外释放的话，这种负面能量就会转过来攻击自己。没有第三个途径。"

但这种释放，就有可能转化为攻击性，攻击别人，或者攻击自己。

一味隐藏攻击性，会给自己造成巨大的心理压力。

但如果表达攻击性不当，会很容易造成冲突和伤害。

比较合理的释放攻击性的办法，就是说出自己的感受、表达自己的看法，这是对自己身体健康、解决问题都比较有效的方法。

你不帅，只是刚好丑成我喜欢的样子

我们一生中会遇到很多的人。

你会发现，在错的人那里，你做什么，都是错，在对的人那里，你再"作"，都觉得可爱。

01

萍萍在我的培训班里是一个很受欢迎的女孩。她的性格活泼、开朗、幽默，很小的事情都能让她开心半天，是我们眼中的开心果，班上的男孩都很喜欢她。

如果我是男孩，我也会选择和这样的女孩在一起，谁不喜欢每一天都是阳光灿烂的呢？不过，让一票男生失望的是，她已经有男朋友了。

我说："你的性格这么好，男朋友一定很爱你吧。"

她的眼神顿时黯淡了下来，摇了摇头。

她的他，并不这么认为。萍萍喜欢发呆，便老是会被他念叨不够专注；萍萍喜欢调侃，他却常常太过敏感地发起了脾气……

萍萍说："也许是我太自我了，不会顾及别人的想法，磨合一下就好了。"

课后看到他来接萍萍，她在他面前变得安静了，温顺了，乖巧了，说话小心翼翼地，生怕一不小心，说错了一句话，又让他生气。

萍萍打趣："我在他面前变成了一个贴心的小棉袄，只是常常盖错了地方。"

我没有笑，反而倍觉心酸，感觉亮晶晶的钻石蒙上了一层纱。

我说："江山易改，禀性难移，再说，也没有这个必要委屈自己。"

"为了他也许可以。"

"可这是你们这段关系正确的打开方式吗？亦舒说，为别人改变自己最划不来了，到头来你觉得委屈太大，而且别人对你的牺牲不一定表示欣赏。"

最终他们还是因为一件很小很小的事情爆发了，分开了。

她哭红了双眼。"的确是我们的打开方式不对，所以怎么看彼此都不顺眼。"

"终于有一日，你会遇到一个与你完全相配的人，你们的相处，不费吹灰之力，你试想想，那多好。"

当你遇到，你就会知道。

02

30 岁了，兮兮依旧单身。

也有不少条件不错的男生献殷勤，高的、帅的、富的……她不是没有选择。有时，我们觉得条件好得不得了的男生，她却不屑一顾。就这样，一挑挑到了 30 岁。

曾表白"除却巫山不是云，我会等你到永远"的追求者们，都找到了另一朵云，纷纷结婚生孩子去了，就连兮兮前不久刚拒绝的那个男生，很快也找到了下家，准备结婚了。

她挑剔的缺点，别人视如珍宝，完全不觉得有任何问题。

有朋友劝她说："别挑了，越挑选择越少，人嘛，不就是这么回事，差不多得了。"可她大小姐依旧坚持故我。

我们问她到底想找什么样的人，她说："他出现的时候，我就会知道。"

不久前，兮兮的恋情好像终于有了点消息，可她却一改平日大大咧咧的风格，遮遮掩掩，不肯带出来满足一下我们八卦的心。

"我怕你们都会喜欢他。"难道是个万人迷？这让我们都越发好奇起来。

直到有一天，在街上偶遇，她才扭扭捏捏地介绍。

哦，这就是兮兮一直想藏着的帅哥呀？对方让我们大跌眼镜，不高不帅，甚至还长得有点怪，完全不如她之前的那些追求者。

我们倒吸一口凉气，她居然怕我们都喜欢他？真的可以放一百个心。

后来问兮兮，对方长得那么丑，是哪一点打动她的，兮兮瞪大眼睛说："你们觉得他丑？可是我觉得很帅啊，我喜欢小眼睛，刚好他就是小眼睛，我喜欢厚嘴唇，他刚好就是厚嘴唇。"

我们感叹，人的审美差异可以这么大？难怪我们觉得再奇怪的衣服，都会有人穿出街。

兮兮笑笑："我为我的恶趣味抱歉，或许你们觉得他丑，只是他刚好丑成了我喜欢的样子。"

我们无话可说。因为所谓适合，无非如此。

他小眼睛，刚好她喜欢小眼睛，他胖，刚好她喜欢胖子，他是"丁克"，她刚好也不想要孩子……所有的问题，在对的人眼里，一切都刚刚好。

这真是绝配。

03

绝配是一种什么样的状态呢?

举个例子,我有一次涂指甲油,时间一久,指甲上颜色的边缘就变得斑驳了,所以想把它清理掉。可是当时身边没有香蕉水,我便试着用牙膏、牙刷、洗衣粉、甚至是护肤用的磨砂膏、去角质膏去掉它,可是,统统没有用。

这些对牙齿、皮肤、衣服有用的东西,对指甲一点辙也没有。

幸好最终辗转找到一瓶香蕉水,轻轻一抹,就轻轻松松把它卸掉了。

用过香蕉水的人会知道,它味道很刺鼻甚至有些怪异。可就是这种气味怪异的香蕉水才能还指甲本色,让指甲自由呼吸。

在别人面前,她背着重重的彩壳,不会轻易卸掉,只有在他面前,她才会感到自在轻松,他就是这么轻易地卸掉了她的伪装,让她透气。

原来,这些外人嗤之以鼻的爱情,原来是绝配。

其实,般配不般配还真不是在意识中就能决定选择的,很大一部分是潜意识的选择。

瑞士心理学大师荣格认为,爱情从本质上来说就是一个主观的过程,每个人的心里面都会有一个关于恋人的心理原型。

或许,我们在清醒的时候难以把它勾勒出来,但当遇到一个人的时候,就会在潜意识当中自动化地,进行原型的匹配。

这个原型,或许是家族无意识的心理遗传,又或许是我们生命当中的重要他人,比如父亲、母亲,或者是其他的养育者,共同形成了我们心目当中的一个理想异性的图像。

当你看到这个人的时候，就会惊叹一句"哦，原来是你啊"，你会感觉心跳加快，有一种感觉传遍脊柱和皮肤，不自觉地被他吸引，想向他靠近。

所以，人在选择的时候是有偏好的，这些偏好，带着我们心理原型的印记。

如果留意一些明星寻找到的伴侣，或是导演挑选的角色，都能找到他们不少相似的地方。他们在这类人的身上，依稀看到了自己心理原型，似曾相识，就像是听到了原野的呼唤一般，莫名地被吸引。

所以，不是你不好，只是不符合他的心理原型。

你无须为了迎合别人，而费劲地把自己变成另外一个人，因为，改了也没有用，他的心里有一个打不败的原型。

况且，或许有一个人，终其一生，就是在苦苦寻找，一个像你一样的人，那是他的心理原型，这么想，或许略感安慰。

足矣。

> 不将就，是一种"不委屈自己"的生活态度；但同时，也要注意不要让自己变得过分挑剔。
>
> 不管是择偶、择业，还是对待生活，还是要有稳定的认知体系，这样才能有对自己有清晰的判断和定位，才知道怎么做、如何选是精准的。

她是怎么把你变成"暖男"的？

01

邻居芳姐在四十几岁的高龄才生了小儿子森迪，从小到大，一家人都对他宝贝得不得了，别说干活了，只要一扬眉，无需开口，家人都能通过扬眉的高低程度识别需求，事事侍候到家，连喝水都是送到嘴边。

森迪长大后，亲朋好友逐渐开始担心了，这不是个"巨婴"吗，结婚以后可怎么办呢？

担心归担心，时候到了，他也还是恋爱了，关系稳定两年后，终于肯带回家来吃饭了。

出乎意料的是，对方可不是吃苦耐劳、能侍候森迪的类型，而是个娇滴滴的大小姐。姑娘一扬眉，森迪就知道是该端茶倒水还是为她夹菜了，动作娴熟而自然，一如芳姐侍候他一样。

最重要的是，大家都能感受到他是心甘情愿、乐在其中的。

大少爷变了，以猝不及防的速度。芳姐以为他永远不会做的事情，结果他做得比想象中的要好得多。

芳姐叹了一口气说："我给他剥了这么多年虾，才知道，他也是会剥虾的呀。"

她侍候了多年的大少爷，居然也变成了别人的"暖男"。

02

当你觉得自己遇不到好男人的时候，你真的就会遇不到好男人。

学妹金莹一直自称是"渣男吸引器"，说自己吸引的都是各种"渣男"，比如前任顾立伟。

顾立伟我也见过，斯斯文文，话不多，是一个沉默的 IT 男，我们聊天的时候，他就在旁边看看书，不是很有存在感，但好像也没那么糟糕。

金莹各方面的条件都不错，腿长肤白貌美，但却喜欢不自觉地抱怨。

和顾立伟在一起三年，金莹没有停止过抱怨。他一洗盘子，金莹就抱怨他洗得不干净；他一做饭，她就抱怨厨房好像被打劫过一般……

人的行为都是强化的结果，做什么事都被念叨，那还不如不做。而抱怨是一种糟糕的强化方式，加速了积极行为的退化消失。

顾立伟就是这样，一开始他还愿意配合演出，时间久了，也慢慢懒得装了，如此一来，金莹的抱怨就更多了。终于，因为一件很小的事情，顾立伟爆发了，分手了。

我们都知道，那不过是长期积怨的导火线罢了。

美女不愁寂寞，没多久，金莹又找到了新男友，我们也为她高兴，只是没多久，她又开始抱怨遇人不淑。

她能把遇到的男人都变成她口中的"渣男"，这也是一种能力。

开始的时候，我们都还想办法开导她。只是，听得多了，朋友的耐心也会耗尽，渐渐也生疏起来了。

再后来，我和朋友在路上偶遇顾立伟，发现他的表情比原来要舒展明朗得多，看来日子过得还是挺惬意的。

他邀请我们到他家做客，他的新女友也在，温柔娴静，话不多，但眼里对顾立伟充满了崇拜。

他家里窗明几净，一桌好菜全都是他一手包办，色香味俱全，简直是新好男人的典范，我们下巴都快掉到桌子上了。

我悄悄问他："你现在怎么变化这么大呀？简直像变了一个人呢？"

顾立伟笑笑："这些都是彦彦的功劳。之前做什么都是错，索性就不做了。现在，事事都有鼓励，做起来好像也没这么难，还从中找到了乐趣，慢慢地也就成习惯了。"

彦彦就是他女朋友，那个安安静静坐在旁边，微笑鼓励着他的女孩。

为什么同样一个人，到金莹手里是"渣男"，到别人手里却成了"暖男"？

03

心理学中有一个著名的"费斯汀格法则"：生活中的 10% 由发生在你身上的事情组成，而另外的 90% 则由你对所发生事情如何反应决定。

美国心理学家费斯汀格举了一个例子：卡斯丁早上洗漱时，把自己的高档手表放在洗漱台上，妻子看到了，怕被水淋湿了，就把它放在了餐桌上。

儿子起床后，到餐桌上拿面包时，一不小心把手表弄到地上，摔坏了，卡斯丁很心疼，把儿子教训了一顿，把妻子臭骂了一顿。

妻子气不过，和他大吵一架，卡斯丁更生气了，连早餐也不吃，就气呼呼地出门了，到了公司才发现，自己的公文包没有带，只能折返回家。

可是回家后，家中无人，卡斯丁这才发现钥匙也落在了家中的公文包里，于是不得不给妻子打个电话，让妻子回家。妻子接到电话后，急忙赶回家，在路上碰坏了一个水果摊，摊主让她赔了一笔钱，才放她离开。

卡斯丁拿到公文包后回到公司，已经迟到了 15 分钟，被领导批评了一顿，下班前还因为心情不好，和同事吵了一架。妻子也因为离开岗位，当月的全勤奖也没有了。儿子呢，原本这天要参加棒球赛，本有机会夺冠的他，也因为心情不好而发挥不佳，第一局就被淘汰了。

这就是卡斯丁的一天。

费斯汀格说，手表摔坏这 10% 我们无法控制，但是后面衍生出来的这 90% 的反应，我们是可以控制的。

费斯汀格法则在生活当中无处不在。

北京八达岭野生动物公园曾发生过老虎伤人事件。

一位女游客疑因跟自己的丈夫争吵，选择了在虎区开门下车，只出去几秒钟就被东北虎拖走，咬成了重伤。丈夫从驾驶位冲出来解救，跑出来之后又回去了，因为考虑到车上还有孩子和老人。可老太太看不下去了，要跑出来解救女儿，结果被东北虎咬伤致死。

夫妻之间的争吵，或许在日常生活中再常见不过了。可是，如果真的是由于这一时对愤怒的反应，导致了瞬间一死一伤的结果，实在不值得。

你的生活是你选择的结果。

金莹认为顾立伟是一个"渣男"，所以，用不好的态度对他，他就给出了同样的反应，而顾立伟的新女友用另外一种眼光来看待他，看到了他的另一面，于是得到了不一样的顾立伟。如果一个人决心获得某种幸福，那么他就能获得这种幸福。

同样地，芳姐把儿子当成"巨婴"，他就成了"巨婴"，女友把他当成了"暖男"，他就变成了一个可依赖的"暖男"。心理学上也常把这称为自我实现的预言。

心态的力量带来的效应就像是多米诺骨牌一样，带来一系列的连锁反应。这也是为什么幸运吸引幸运，抱怨吸引抱怨，不断循环。

所以，想要打破这个怪圈，只有从此刻调整你的心态开始改变。

你是不是把生活过成了你想的样子？

好命不是天生的，而是后天修炼而成的，幸福的钥匙其实就在你自己手里。当你具备了这种能力，和谁在一起你都会幸福，谁和你在一起都会变得温暖。

> 奥地利心理学家弗洛伊德曾说："虽然男人足够有责任足够强壮，但是他们天生存在着一定的劣根性，而女性虽然温柔足够去包容他人理解他人，但是她们往往容易控制不住自己的情绪。"
>
> 亲密关系中，女人很难去改变一个男人，但可以通过行动去影响他，这也就是我们常说的表率作用。

你快不快乐，在于你的心态

01

你希望男友节日送什么样的礼物？是玫瑰花？钻戒？包包？如果对方送你的礼物是在两百块以下，你会怎么样呢？

这个问题，始于网上一男生发的帖子："七夕节送女朋友什么礼物？预算在两百块以内。"

没想到这个问题，引起了很大的争议，让网友们的嘲讽基因大发作：

"200 块？不如你送她自由吧。"

"送眼药水，让她别再瞎下去了。"

"送兰博基尼 200 元代金券。"

也有人说：

"200 块的礼物，你不要我要。"

"能送礼物就代表有心了，为什么非要用金钱衡量感情呢？"

这个男生，就这样红了。

两百块以内的礼物，有的人觉得已经很不错了，有的人却觉得太廉价了。还有人认为，多少钱没那么重要，可最要不得的是他这种以钱来衡量礼物的心态。

甲之蜜糖，乙之砒霜。同样的东西，却引来大家完全不同的看法。

02

其实，有时候影响结果的，并不在于礼物的价钱，而在于我们对于礼物的想法。

礼物的价值常常是我们人为赋予的。比如说，在玫瑰花销售当中，有一个牌子卖得非常贵，号称是玫瑰花当中的奢侈品，价格高达1520元一朵。

同样是玫瑰花，可为什么有的5块钱一朵，有的1520元一朵？并不是花的本质发生了变化。而是因为通过宣传和包装，让人们对这朵花的态度发生了变化，简单来说，它的卖点就是心态变化所带来的价值变化。

心理学上有一个著名的 ABC 理论，是合理情绪疗法中的核心理论。

A（Activating events）代表诱发事件；

B（Belief）代表个体对这一事件的看法、解释及评价，即信念；

C（Consequence）代表继这一事件后，个体的情绪反应和行为结果。

一般来说，我们常常以为，是事件 A 导致了结果 C，可其实是我们的信念 B 导致了结果 C。

举个例子，男朋友送两百块以下的礼物，这是事件 A。

甲的 B 是："才送我两百块的礼物，当老娘是什么？这么容易打发，太不把我放在心上了。"

乙的 B 是："男朋友真不容易，每个月只剩下一千块钱，居然还拿出两百块钱来给我买礼物，他太有心了。"

所以产生了两种不同的后续行动：

甲，跟男朋友大吵一架，觉得实在受不了这委屈，于是分手了。

乙，对男友更好了，他们一起度过了开心而浪漫的七夕。

我们选择的 B，就直接导致了我们的行为 C。

合理的信念会引起人们对事物适当、适度的情绪和行为反应；而不合理的信念则相反，往往会导致不适当的情绪和行为反应。

来分析一个典型的例子——场面极其血腥的"武昌火车站杀人案"。

那天中午 12 点左右，有三个年轻人去店里吃饭，点了三碗热干面。或许是因为姚某在春节前涨了一元还没来得及把牌子改回来，他收面钱的时候，没按照招牌上的四块钱收，而是收了五块钱一碗。

顾客胡某就对老板说："牌子上写着四块钱一碗，你怎么要多收一块钱？"

如果你是老板，遇到这样的问题，你会怎么呢？是"呀，不好意思，我的招牌还没改过来，赶紧好好跟客人解释一下"，还是"哪里来的穷鬼，一块钱都嫌贵，嫌贵，吃不起就不要吃"？

这位老板没有选择解释，而是直接用惯常的大嗓门吼道："我说几块钱就是几块钱，吃不起你就不要吃！"

如果你是胡某，听到这样的话，又会怎么想呢？

B1："这人素质太低了，懒得和他一般见识。"

B2："听老板火气这么大啊，是打麻将输了，还是跟老婆吵架了？"

B3："他跟那个该死的包工头一样，看不起我们外地人。"

B4："老子不发威，你当我是病猫啊。不能放过你。"

······

最终，他选择的信念 B，让他把这个老板的头砍了下来。

原本一件很小的事情，最后，演变成了一桩砍头杀人的惨案。一块钱不多，他们也没有什么深仇大恨，半个小时之前，甚至都不认识。只是，他们的信念，决定了事情的结果。

当你没有去觉察到自己的不合理信念的时候，你的不合理信念，就会成为你惯用的思考模式，逐渐影响着你的生活。

03

"我知道自己心态不好，可是我常常做不到，那我该怎么样去调整自己的心态呢？"

李中莹老师曾在《重塑心灵》一书中提出过幸福的 12 条前提假设，在这里与大家分享，在你遇到苦恼、纠结的问题的时候，可以先停下来，用这 12 句话来帮助自己过滤一下。

你可以把这 12 条写成纸条，铺在地上，先想一想让你困扰的这件事情，在心里给这件事打分，按照让你不舒服的程度，很舒服，打 0 分，非常不舒服，打 10 分。

然后，踩在第一张纸条上，看着这张纸，想一想这句话，如果认可的话，就深呼吸，配合着你的呼吸，加强身体的记忆。

（1）没有两个人是一样的；

（2）一个人不能控制另一个人；

（3）有效用比有道理更重要；

（4）只有由感官经验塑造出来的世界，没有绝对的真实世界；

（5）沟通的意义决定于对方的回应；

（6）重复旧的做法，只能得到旧的结果；

（7）凡事必有至少三个解决方法；

（8）每个人都会采取符合自己最佳利益的行为；

（9）每个人都具备使自己成功快乐的资源；

（10）在任何系统中，最灵活的部分是最能影响大局的部分；

（11）没有挫败，只有回应讯息；

（12）情绪和动机没有错，只是行为没有效果而已。

走完这 12 条之后，再次给自己心里的这件事情打个分，看看分数有没有下降，如果你觉得还不够，可以再走一遍、两遍、三遍，你会发现，每一步都是去觉察、反思的过程，走着走着，你的心态会慢慢地发生变化。

你会发现，很多问题的发生与事情本身无关，而更多的是源于我们的不合理信念。

通过这样 12 条前提假设就可以帮助我们过滤掉了 90% 的不合理信念，所以，这 12 条前提假设也常被称为幸福的背景墙。你很好地去觉察体会自己的情绪的时候，它就会成为你成长的内在资源。

当然，方法只是方法，如果不去用，便和我们的生活一点关系都没有，当你把它和你的生活联系起来，运用到生活当中，它就会变成生活中的一部分。

有一天，你会发现，自己已经跳脱了困境，这种思维方式，已经取代了你旧的模式，变成了你相对稳定的心态。

有时一念天堂，一念地狱。你的快乐，不在于别人的礼物，而在于你有没有让自己幸福的能力。想明白了这一点你就会发现，其实幸福并不遥远，它就在你的手里，静待使用。

美国心理学家弗洛姆曾做过一个恐怖实验：他带学生们在黑暗的实验室走了一会儿，然后打开微弱的灯光。这时学生们发现他们走过是独木桥，桥下还有大量的毒蛇、蟒蛇。弗洛姆问谁敢再走回头。结果只有两个人趴在桥上爬过去了。这时弗洛姆打开所有的灯，学生们可以清楚地看到蛇群和独木桥之间还有一张安全网。弗洛姆又问谁敢走过去，这时却没有任何一个学生敢走过去。

这个实验，就是说明心态对行为的巨大影响。

亲爱的, 寂寞的不是嘴巴, 而是你的心

如果不是可以幸运地和第一个人终老, 基本上每个人, 都会失恋。
失恋了, 你会做些什么呢?

01

"我失恋了, 会天天狂吃。"

我看着眼前的来访者, 并不胖呀, 比我上次见到她还瘦了一些。

她苦笑了一下。"因为, 我没有真正吃进去。我都会买许多我平常想吃又不敢吃的东西, 很快地塞进去, 喝下一杯水, 让它在肚子里面留一会儿, 然后扣喉, 把它吐出来。"

听得我喉咙一阵发紧。这已经是我这个月遇到的第三例, 因为失恋而暴食的个案了。

吃, 对很多人是一种享受, 但对暴食者来说, 是一种折磨。

另一个来访者彬彬, 瘦瘦小小的, 只有 80 多斤, 却常常一人吃

三人份的食物，还意犹未尽。如果还有食物出现，她还能全部扫荡一空，令人叹为观止。就像一个不停咀嚼的机器，机械性地把食物往嘴里塞。

她说："总觉得嘴巴寂寞。"

小令的情况更严重一些，她爱吃却又很怕胖，一直处于很纠结的状态。后来，听说很多明星都用催吐的方法来控制体重，她也开始效仿，狂吃后就冲到厕所扣喉，把刚吃进去的都吐出来。

失恋的时候，暴食的发作频率会更高。暴食和厌食交错发作，常常会失控地边吃边吐，边吐边哭，如此反复，还引起了食道逆流的问题，导致人常常看起来面容水肿，格外憔悴。

这一类的来访者，因为长期暴食，食物停滞不化，会影响到她们的脾胃吸收，还特别容易上火、长痘、脸色苍白、气虚声弱。

暴食症被称为"神经性贪食症"，定义是不可控制的多食、暴食。

她们极度怕胖，对自我之评价常受身材及体重变化而影响。经常在深夜、独处或无聊、沮丧和愤怒之情境下，顿时引发暴食行为，无法自制地吃到腹胀难受，才肯罢休。

暴食后虽暂时得到满足，但随之而来的罪恶感、自责及失控之焦虑感又促使她们利用不当方式清除已吃进的食物。

我发现了一个很有趣的规律，这些来访者，虽然暴食，但一般都并不太胖，调查发现，64% 的暴食症患者还是有点偏瘦的。

02

"胖和老都是死罪。"

这句话是小令的口头禅。

这样的女孩，容易有体型认知障碍，明明很瘦，但却觉得自己太胖了。因此，会不顾一切地减肥，严重的甚至会引起生命危险。

不了解的人会觉得这应该不是问题吧？总觉得吃太多的话，不吃就是了。但严重的饮食障碍很难治疗，患者会控制不住病态的饮食行为。因为根源并非是意识可以控制的部分，而在潜意识的部分。

不知道是不是巧合，在我的来访个案中，几乎所有的暴食症的来访者都出自相似的家庭模式：焦虑的妈妈＋缺位的爸爸＝失控的孩子。

妈妈很焦虑，控制欲极强，爸爸长期不在家，或者在家里偏弱势，孩子出现问题行为的概率会比较高。

比如说小令，小时候妈妈一直强迫她把米饭吃完，来访者常常在妈妈一转身时就把米饭包一包丢出窗外，长大后，再也不愿意吃米饭了。

这种方式，是一种无法表达的抗议和隐性的对自我的攻击。

对于暴食症，在心理学上有很多的说法，有的说这是本我和超我不和谐的斗争过程，有的说是口欲期没得到满足，有的说是情感和理智是割裂的……

不同的流派，其实都是想从不同的角度来表达一个观点——你吃的，并不是食物，而是情绪。

小令听舅舅说，她断奶很早，在她还是婴儿的时候，只要听到她哭，她妈妈就会用奶瓶直接塞住她的嘴。

这个时期的婴儿需要快速地成长，吃是他们至关重要的一个任务。如果养育者不够细心，会让婴儿陷入饥饿或者过度满足。

小令母亲这种喂养方式，切断了她和自己情绪的联结，在有情绪的时候，她就用食物来满足。但又因为沟通的渠道被食物堵住，她对食物也会有抗拒、不接纳的感觉。

在我们生命最早的时期，还不会说话，意识尚未形成的时候，所有的情绪就已经进入了潜意识。

而且，问题越是出现在生命早期，就越难被治愈。

03

"我会好吗？"

暴食症是让不少咨询师头疼的问题，也是世界性的难题。

老实说，完全治愈，没那么简单。但是，想要一定程度的缓解，还是有方法的。下面分享几个来访者试用后反馈较好的方法：

1. 感觉确认

吃之前和自己的身体和胃建立连接。先想想，这是我想要的，还是我需要的。

2. 让吃这件事变得有仪式感

比如可以铺起桌布，点起蜡烛，认认真真地、慢慢地品尝每一顿饭。

你可以好好满足自己的口欲，但在满足自己时，一定要慢慢吃，去体会吃的过程中，自己的各种感受，特别是匮乏感和恨意等负面情绪。

当我们对食物的情绪得到了足够的理解和表达，在这个阶段的创伤也会慢慢得到疗愈。

3. 不敢吃，可以喝

如果还没有建立起更成熟的应对方式，可以换一种自己心理更能接受的、对身体损害更小的方式。比如说，你需要饱腹感，吃又有心理负担，其实喝些果汁、花茶、汤汤水水的也有饱腹感的效果。

不少来访者试了一段时间后，发现胃已经满了，想吃也吃不下了，"暴"的次数也减少了。你总不会因为喝多了花茶而催吐吧？

4. 远离诱惑

来访者常说一句话："不要考验我，我经不起诱惑……"

暴食发作的步骤常是"我只吃一口，两口……算了……吃完再吐吧……"所以，不建议暴食者囤粮食，因为，避免失控的最好方法就是远离诱惑。

5. 保证睡眠

很多时候来访者表示，暴食发作的时间就是前一天晚上失眠，第二天行为完全失控，导致暴食行为加剧，所以要保证睡眠，起码要做到不熬夜。

6. 给自己多一些的应对方式

吃，是在我们生命早期应对情绪的主要方式。那时的我们还比较小。应对方式比较单一，现在的我们，已经不一样了，完全有能力建立更成熟、更丰富的应对方式，比如冥想、运动，写作等。

7. 和安全型的人谈恋爱

暴食症平均年龄在 27 岁，常见于年轻女性，在亲密关系当中，疗愈效果也是非常好的。

我们为了适应环境，为了活下去，练出了自己特有的一种模式，心理学家称之为依恋模式，其中安全型依恋模式的伴侣具有包容和稳定的特性，能够安抚好当初那个焦虑的孩子，会让暴食者的焦虑缓缓平复下来，回到最初的原点。

只是，在现实生活当中，非安全型却常常不喜欢安全型。因为，当她和自我的连接不够的时候，会觉得安全型人太稳定、太无趣、太平淡、太乏味，因此反而容易被带来强烈刺激的异性所吸引，不断陷入不太稳定的关系。

对方常常自己的状态都不太稳定，又如何让你稳定下来？这也是一个困局。

8. 接纳

接纳自己当下的状态，不要过度责怪自己，让自己放轻松——偶尔发作，又怎么样呢？

有时，让我们失控的，反而是，控制本身。接纳了你此时此地的状态，本身就是一种治愈。

9. 其他

具体方法很多，比如说，像有的来访者觉得每次吃完之后就去刷牙很有效，有的来访者觉得练习瑜伽修心很有效，等等。

多尝试，适合、有效的就是好方法。

面对暴食问题，最重要的，是去和自己的内在建立连接，倾听自己情绪的声音，为自己的情绪命名，为它们找到一个出口。如果你一直忽略它，它就只有通过外化的行为和身体反应去表达出来。

亲爱的，请记得，其实你需要的没有那么多，你吃的不是食物，而是情绪。

寂寞的不是嘴巴，而是你的心。

暴食症是一种可怕的心理问题。

暴食症又叫"神经性贪食症"，是指反复发生无法自控的多食、暴食行为。

心理学上认为，暴食症的患者哪怕意识到暴食症对自身造成的影响，却无法控制，从而引起抑郁、焦虑、负罪感等负面情绪，从而造成恶性循环。

治疗暴食症的方法，无非是健康饮食、多运动，但最关键的，其实还是接受自己并不完美的基因，不要为了追求苗条、美而陷入抑郁。

挥别错的，
才能和对的相逢

世界上最远的距离，只有一步之遥

我和她最接近的时候，我们之间的距离只有 0.01 公分，我对她一无所知，6 个小时之后，她喜欢了另一个男人。——《重庆森林》

01

人如其名，许俊杰在这所工科院校里，也算是"小鲜肉"一枚，追求者不少，每年情人节都有不少小女生送来情书、巧克力。可俊杰这大学四年里，一场恋爱都没有谈过，因为，他大一军训时，对甜美的"系花"一见倾心，一发不可收拾。

整整四年，俊杰一直坚持不懈地献殷勤，给系花送花、送饭、打水。

舍友调侃他，"我要是女生，绝对就嫁给你。"辅导员也拿他开涮："要是学习上也这么用功，说不定早就直博了。"

只是，甲之蜜糖，乙之砒霜。对旁人来说战无不胜的套路，"系花"完全不为所动。

四年了，旁人看着都累，只是当事人乐此不疲，或许也从中获得了若干乐趣吧。

每次有朋友问他进展，他都说还差一点。

他苦笑："我曾经问过她，'我走了99步，最后1步能不能由你来走？'她只说了一句'谢谢你'。尽管如此，我还是舍不得放弃。"

这或许也是很多人的故事，最美好的年华都在一厢情愿的单恋中度过，知道对方的心意，却不愿放弃，希望有一天或许能跨越你们之间的距离。

那天，我和朋友看到他们迎面走来，有说有笑，举手投足之间似乎也颇有默契。

朋友问我："他们应该是有进展了吧？"

我摇摇头："还差一点。"

"何以见得？"

"你看，许俊杰想要靠近'系花'一点，'系花'就退后一点，就好像在跳舞一样，他们之间的距离，永远都是保持在一般朋友距离。身体是骗不了人的。"

人与人之间的心理关系是可以通过距离看出来的。

人们在公共场合用公共距离，一般在3米以外；一般人际交往时用的是社交距离，在1~3米；一般熟人、朋友之间的是个人距离，在45厘米~1米；与亲密的人之间用亲密距离，是15~45厘米，有时甚至是紧挨在一起的。

从个人距离到亲密距离的差距只有一点点。只是，这一步之遥，或许终其一生也难以跨越。

02

其实，即便跨进了亲密关系，亲密距离也是有讲究的。包括身体、心理的距离。

同样的距离，有的人，觉得太疏远，有的人，觉得刚刚好，有的人就会觉得在控制，这些也是在情感咨询当中常见的问题。

咨询中，女生常常会抱怨："开始的时候，我们天天腻在一起，可是时间久了，他就开始烦了，说想要空间，想自己一个人待一会儿。可我不就是因为喜欢他才想黏着他的吗？要是哪一天我不黏着他了，不就是不喜欢他了吗？"

可男生进来，却另有一套说辞："我不是不喜欢让她黏着我，只是，有时我也想有一点自己的空间，人们总说亲密无间，可亲密有时也是要有间的。"

一段感情刚开始的时候都是和谐的，空气中都充满甜蜜的味道，彼此都愿意尽力配合对方，扮演对方期待的样子。时间久了，渐渐觉得对方变了，其实未必是对方真的变了，只是，他又做回了真正的自己，回到了自己觉得舒服的距离。

亲密，到底要有间还是无间？

每个人的要求不一样，有的人喜欢腻在一起，有的人喜欢有更多的空间。

大学同学倩雯，就是不喜欢黏在一起的那种。她向来怕挤，为了不挤，她节假日基本都在宿舍宅着，如果需要和陌生人拼桌，再好吃的餐厅她也不去。

她说，人太多她会觉得很难受，呼吸不畅，感觉自己被人群淹没，快要窒息了。

在身体和心理上她都非常强调个人的空间，在亲密关系中也是如此。倩雯和前任分手就是因为这样的原因，男友喜欢两个人天天腻在一起，可她常常想要逃开，躲到自己的空间。

于是，敏感的男友开始起了疑心，查手机，盘问她的行踪……而她又不喜欢解释，事事闷在心里，彼此沟通不畅，隔阂越来越大，终于，渐行渐远。

有人听了会觉得她因为这点小事就分手比较夸张，但其实是因为每人需要的距离不一样。

就像汽车受到撞击的时候，会弹出来一个安全气囊作为缓冲，以减少撞击对我们的伤害，我们每个人都需要安全气囊，或多或少、或大或小，或者可以称之为空间。

并非倩雯冰冷无趣，只是她对个人空间比较敏感，边界感更强，不喜欢被安全气囊挤压的感觉，而她的前男友则是另一种人，彼此不愿配合，又缺乏沟通，终究难以走完全局。

03

在心理学上，有一个关于心理距离的理论，叫刺猬法则。

在寒冷的户外，一群刺猬实在受不了寒冷，于是选择互相抱团取暖，紧挨在一起，可是又因为受不了彼此身上的刺，而选择分开。

可天气实在太冷，它们只有再次拥抱在一起。就这样，它们一次一次拥抱，一次次分开，最终找到了它们之间最合适的距离，既可以互相取暖，却又不至于受伤害。

其实，我们不也像冬天里的刺猬一样吗？尝试靠近、远离，然后再次靠近，慢慢地探索出我们之间最合适的心理距离。

亲密关系，是需要磨合的。每个人，性格不一样，经历不一样，需求也不一样。彼此的习惯、需要的空间，这些细节都需要沟通，才能一起找到彼此舒服的距离和模式。

当然，沟通方式也很重要。有效的沟通，在于对方积极的反馈，如果常常用互相指责来沟通，时间久了，指责渐渐会变成习惯，这样的模式，对于亲密关系是一种破坏。

而比糟糕的沟通模式更糟糕的，是不沟通。没有沟通的地方，最容易生出猜忌，而关系是经不起猜忌的，本来很小的事情，常常因为猜忌，堆在心里，慢慢发酵，在对方的想象里上演出一出大戏，最终，借题发挥，爆发出更大的问题，一发不可收拾。

我们都曾是刺猬，在被爱时有恃无恐，步步紧逼，直至把对方逼至墙角，让那个想拥抱你的刺猬落荒而逃，自己也伤痕累累。

其实，世界上哪有完全合适的两个人？哪有一开始就刚刚好的距离？

是因为爱，所以才愿意慢慢试探、磨合，愿意忍受刺痛，找出彼此都舒服的距离。

物理上：

公众距离范围在 360 ~ 760 厘米之间；

较远的社交距离为 120 ~ 360 厘米，较近的社交距离是 120 ~ 210 厘米，这种一般根据双方的熟识度决定；

个人距离范围大约在 44 ~ 120 厘米之间，这个距离通常是与朋友交谈或日常同事间接触的空间距离。

亲密距离在 0 ~ 44 厘米的范围内，这种距离只出现在有特殊关系的人之间，如父母与子女、夫妻、恋人。对关系亲密的人来说，这个距离可以感受到对方的气味和体温等信息。

但在亲密关系中，绝不是永远如胶似漆、形影不离就好，因为很容易给人造成压迫感。

适当的空间和心理距离，反而会使人舒适自在。

愿你的"差不多得了"，不是因为妥协

01

"你有什么择偶要求呀？"

单身久了，这样的问题会听得越来越多，有时间的人是因为热心，有时或许纯属八卦。

资深"白骨精"岑琳每次都答道："没有什么特别的要求呀。"

可是，她怎么会没有要求？只不过她追求的是一种虚无缥缈的感觉，连自己都不太清楚罢了。

热心人士不甘心："怎么可能？你很不错呀，长相不错，学历不错，工作不错，家境不错……没有要求怎么会找不到呢？"

岑琳只有硬着头皮提出要求："那……就和我差不多就好，看得顺眼，文化水平凑合，经济尚可，相处愉快，有接近的价值观，温柔体贴，勤奋上进……"

问的人立马瞪大眼睛："哦，要求这么高，难怪找不着。"终于听到了自己心目中的答案，满意离去。

岑琳苦笑："这要求还算高吗？我这么普通的人，比我好一点，这样的人不是很多吗？"

的确，岑琳身边符合这样条件的人还真不少。可是，当这样的人真的出现时，岑琳又说："当这样的人真真切切地出现在我面前时，我却完完全全没有感觉。能打动我的人，反而完全不符合我列出的所谓要求，他可能不温柔，不体贴，甚至还有点大男子主义，缺点一大堆，可他就是在某个瞬间打动了我，让我卸下防御、俯首称臣。"

我们常高估了自己的理性，看似理性的岑琳，其实一点都不理性。

我们的大脑可以分为"理性脑"和"感性脑"，平时的理性脑是一个严厉的检察官，帮助我们把关，可是，在关键时刻进行决策的，却常是我们内在的最有源动力的感性脑。

列出条件的理性脑就像是驯象人，感性脑就像是这头大象，我们常说"不爱的理由有无数，但是爱的理由只有一个"，就算驯象人列出了再多的条件，大象不干，也是没有用的。

修好驯象人和大象的关系，也是修通和自己的通道，更加清晰通透地看见自己内在真正的需要。

02

"他们到底在急什么？"

其实，岑琳不急，急的是她的家人。她一直过得挺滋润，但是家人每天的催促，让她的生活质量大大降低，甚至开始产生自我怀疑，觉得连个男人都找不到，简直是人生中的失败者。

"今天我又去喝了 17 楼那家女儿的喜酒，她可比你小好几岁呢，差不多得了，别太挑了……"

"……"

"今天是 ××× 的女婿开车送我们回来的，他都有女婿了，差不多得了，别太挑了……"

"……"

"她比你还丑，都嫁到一个宝马男，差不多得了，别太挑了……"

"……"

要八卦的人，总是会有这样的能力，也许过程离题万里，但都能回归到一个点上，结婚。

岑琳很无奈："我对我爸说，'爸，我不急'，他说，'我急'，真是让我哭笑不得。我其实也妥协过，尝试过和家人觉得条件不错的人交往，想着差不多得了，可我骗不了自己，我就是没有心跳加速的感觉，没有期待，也没有喜悦。"

岑琳问我，她的家人们到底在急什么？

其实，他们的担忧或许有些心理依据。

美国心理学家埃里克森提出社会阶段理论，每一个阶段都有不可忽视的阶段性任务，在成年早期要建立真正亲密无间的关系，从而获得亲密感，否则将产生孤独感。

或许大家没有学过心理学，但是生活的经验让他们变成了无师自通的心理专家，以"我是为你好"为理由，把日常种种，都会变成影射的素材。

听得多了，这些咒语也会内化成我们自己内在的声音，"差不多就得了""还挑什么？""就这样吧"……

03

"要不要差不多得了？"

这是岑琳的纠结，也是情感咨询者常常会问到的问题。很多女孩都在烦恼，年龄不小了，要不要差不多得了？

　　和《奇葩说》中大家辩得难分难解的辩论主题"剩男剩女，找对象要不要差不多得了"一样，每一个来访者又何尝不是心里跟自己辩论，有时候正方胜，有时候反方胜，有时候打得不可开交，一团乱麻。

　　差不多并不是一个绝对值，而是一个变化发展的变量，有的人一开始觉得差不多，但是相处下来会发现还差很多，有的人一开始觉得差很多，接触之后或许会慢慢变成差不多，差很多还是差不多，关键不是别人，而是你自己。

　　说到底，找伴侣的过程就是在找自己的过程，理解了这一点，才能把注意力放回到自己身上，而不是寄托于找一个完美的对方。

　　将安全感寄托在别人身上，只会更没有安全感，把快乐寄托在别人身上，也无法纯粹，当你不接纳自己的笨拙，才会盯着对方的笨拙不放，当你不接纳自己的无聊时，才会放大对方的沉闷。

　　那个差不多的，不是别人，而是你自己。你，能不能够接受一个差不多的自己？

　　有一天，岑琳对我说，这个人差不多了，我很为她高兴，因为这时的"差不多"，其实是他们的关系"快成了"的意思，不是委曲求全，而是带着娇羞的心甘情愿。

　　作家李筱懿说："人的一生其实只是由几个关键环节组成，那些貌似漫长的时光，都在为这些要素积聚能量，在不该凑合的事情上凑合，未来也就只能凑合了；在核心环节认，人生也就真的认了。"

　　是啊，我们对吃什么、用什么这些生活细节都不妥协，对核心环节，又怎么能凑合？

　　但"差不多得了"，未必是妥协，或许也是一种成长，成长到懂得判断这是什么样的"差不多"。

　　若是别人心目中的差不多，不能凑合，若是自己心目中的差不多，得了就得了吧。

古希腊哲学家苏格拉底曾经做过一个麦穗实验，让他的学生去麦田寻找最大的麦穗，结果学生们觉得没有总比没有好，所以手里都有了麦穗，而忘了他们的目的，是找最大的麦穗。

在很多人生选择上，其实也是这样，一些人选择"凑合"，是因为发现自己和别人不一样时，会感觉焦虑不安，于是，他们会觉得先"有了"才保险。

在选择伴侣这件事上，每个成年人，都应该学会在理想伴侣和现实伴侣之间，找到平衡。

你的感情为什么又被"作"死了？

01

再好的关系，作得多了，也就散了。

静茹和她的男友已经分手 18 次了，闹分手的时间甚至都超过了在一起的时间。

分分合合，合合分分，自己乐此不疲，苦的却是身边的朋友。

这一次分手，静茹又动摇了："他一求我，我就动摇了，怎么办？"

"又来？你们都重复多少次了？"

"我害怕，离开他之后，再也没有人这样爱我了。"

身边有很多女孩，她们优秀而美好，在关系中，却卑微到尘埃里。

静茹就是其中一个。她高学历，事业有成，还长了一张美艳的脸，可她最大的缺点就是不自信，在心里为自己筑了一个很硬的壳，生人勿近。于是，这个看似最不可能单身的人一直在单身。

她身边不乏追求者，只是，现在是个追求效率的时代，追求爱情，也都想要"短平快"。

一般的男生常常耐心有限，追一追，她推一推，也就放弃了。这时候出现了另一个男生，对她穷追不舍，每天无数个电话，无数条微信，鲜花、美食全面进攻。

终于，她沦陷了，迈出了第一步。只是，一建立关系，形势就转过来了。她不再高冷，而变得极其黏人，就像对方身边寸步不离的警犬。

对方的工作会经常出差，有时会不接电话，这让没有安全感的她抓狂。她开始紧张对方，紧紧绷起了警觉的弦，盯着对方的行踪，关注对方身边的每个异性，出现在他身边的任何女生，对她来说都是个威胁。

静茹还要求男友，她的电话一定要秒接，短信一定要秒回，只要比她预期的时间长，她都会不高兴。如果他和任何异性互动，她都觉得或许是别有意图，于是开始追问不止："为什么给她点赞？""为什么给她留言？"最后常常以闹脾气收场。

终于，对方没有辜负她的期待，出轨了，而且，是与一个各方面都远不如她的女生。

没多久，他又想起静茹的好，想要挽回。静茹明明知道他是个"渣男"，可情感上又放不下，对方再次死缠烂打，她就又缴械投降了。

只是出轨是会成习惯的，他们的模式不改变，结果也不会改变。于是，他们分手，挽回，复合……一次一次地重复。

破镜一次、两次还能重圆，十次、八次，估计已经碎成玻璃碴了，可静茹还在期待着玻璃碴，能变成完美的镜子。

静茹也不是不明白的，她很了解自己的问题。她说："最可悲的是，缺乏安全感的我，在这个不靠谱的人身上，居然建立了某种安全感，我明知他不合适，可却又离不开他，变成了我们生命中的轮回。"

02

其实，影响她决定的并非这个人，而是她的依恋模式。

我们和他人建立关系的模式，始于童年。那时，我们的监护人就是我们的天，不仅要给我们衣食，更重要的是充分的安全感。

当然，完美的父母是一种理想，能有一对稳定的父母已属幸运。在我们哭笑叫闹的时候，有的父母稳定而温柔，有的父母置之不理，有的父母时好时坏，有的父母甚至大吼大叫起来。

我们为了适应他们，为了活下去，练出了自己特有的一种模式，心理学家称之为"依恋模式"。

心理学家根据儿童与父母分离和重聚时的不同表现，将依恋表现分为不同的类型：

1. 安全型依恋：这类人能够在与妈妈的亲密与独立中保持平衡。妈妈离开，他们虽然有压力，但还是可以去自己玩自己的，等妈妈回来了，和妈妈依旧亲密。

2. 回避型依恋：妈妈离开后，他们不哭不闹，妈妈回来了，他们也并不热情。他们喜欢独自一人玩耍，和别人并不亲近。

3. 焦虑型依恋：妈妈离开后，他们会大声哭叫，紧张不安，不能独立探索环境，只有在妈妈回来后，他们才能感觉舒服些，但仍然黏着妈妈。

4. 紊乱型依恋：他们和妈妈分离或重聚时情绪、行为表现混乱，没有规律。因为，同样的事情，妈妈对他会有不同的反应，有时疏离、有时亲密、有时暴躁，让他无所适从，不知道该选择什么样的反应来面对。

这些不同依恋模式的儿童，长大之后如无意外，就变成了不同依恋模式的大人，对待亲密关系时，也会采取相应的方式。

依恋是我们最初的社会性联结，让我们通过关系逐渐走进社会化的历程。

03

我们的依恋模式，决定了亲密关系质量。

小时候，静茹的妈妈性格比较暴躁，加之重男轻女，对她的态度常常反复无常，心情好时，就会对她好点，心情不好，就会无缘无故地打骂她。

在这样的情境下，小小的她混乱了，不知道用什么样的态度来应对妈妈，是应该回避还是拥抱？是应该哭还是笑？她无法把握反应的尺度和速度。

紊乱型的小孩长大了，就变成了紊乱型的大人。

这一类型在关系里常常像贴错了门神一样，他们的行为和反应难以理解，无法估计，经常表现出具有安全型、回避型、矛盾型三类型混合特点。

对关系既抗拒又依恋，不敢轻易地进入亲密关系，但是一旦建立起亲密关系，就会紧紧抓住对方不肯放手。他们不知道怎么好好表达自己的情绪，又会敏感地搜索自己不够好的证据，只要有一点风吹草动，就被抓住把柄——"喏，你嫌弃我"，而这就是我们常说的"作"。

不"作死"就不会"死"，没有什么关系经得起反复折腾。若是对方心理不够强大，也许会萌生退意。如果模式不调整，再换几个人，都无济于事。

当然，不安全的依恋模式是可以在亲密关系当中疗愈的。

安全型的伴侣，是最好的良药。他们包容而稳定，能让对方慢慢地回到最初的原点，去安抚好当初那个没有被好好爱过的孩子。

在现实生活当中，静茹身边不是没有安全型的人，只是一开始就被她过滤掉了，因为，当她和自我的连接不够的时候，常常需要更多的刺激才能感受到自己的情绪，会觉得安全型人太稳定、太无趣、太平淡、太乏味，觉得自己没有燃烧过，反而很容易被一些能带来强烈感受和刺激的异性所吸引。

非安全型的人总是会下意识地寻找、吸引到那些会让他们重复体验到若即若离的不安全感的人。让他们做出选择的，并非理性，而是惯性。于是，他们的恋爱经历就像"命中注定"一样，遇到类似的人，重复类似的模式，周而复始……

这种命中注定，是我们的潜意识选择的。只有当你觉察到了自己的模式，这一切才会发生改变。

我们无法改变对方，只能调整自己。

04

亦舒有这样一句话："心平气和，是的，就是这四个字。开会时，闲时，当她不在我身边的时候，我一想起她，心内有种温柔的牵动，同时又有种安全感。"这是典型的安全型的思考模式，对关系处之泰然，充满温暖和爱意，不会忧心忡忡，胡思乱想。

安全型依恋和非安全型依恋，最主要的区别在于对"你重要吗？""你的世界安全、稳定吗？"这两个问题上不同的解读。

当你的世界安全而稳定，而你也觉得自己重要，就能发展出稳定的内在价值感。

安全型的人，对于这两个问题，都是肯定的答案。而非安全型常常都是否定的答案。

或许，这和童年的缺失有关，在关键期没有发展出稳定的内在价值感，但，这个世界上，刚刚好的父母本来就是少之又少，父母只是在用自己认为对的方式来对你，因为他们就是这么长大的，他们也不知道怎样才是对的模式。

所以，再纠结于过去，再去埋怨原生家庭，也无济于事，不如想想如何来弥补童年时的缺失。这里有三个步骤：

第一步，觉察。

比如说，静茹发作的点其实与对方没有什么太大的关系。也许只是一次很简单的交流，也许只是一条很普通的短信，这些都会让她发挥大脑丰富的想象力，引发当年的模式和不被爱的恐惧。

每个人身边都会出现很多的人，如果对方身边出现的每个人都会让你感到担心，那你的一生，都会被恐惧、担心、焦虑等负面情绪笼罩。

所以，第一步，试着跳出来，觉察到这些内在的情绪，觉察到自己的不安全感。

第二步，接纳。

接受自己的情绪，接纳这些恐惧，担心，焦虑，百爪挠心的感觉。

情绪没有错误，只是没有用对地方而已。

你要让他知道你并不是有心来捣乱的，只是像一个赌气的孩子，等待着被看见，被拥抱，被理解，被接纳……

当你的情绪能被看见，理解，接纳的时候，你就会慢慢地缓和下来了。

第三步，更新。

向安全型的人学习谈恋爱。

你可以找一个你羡慕的人作为你的范例，比如他的情商怎么这么高？感情关系处理得怎么这么好？内心怎么这么强大而稳定？这个人可以是你的伴侣，可以是你的朋友，可以是你的偶像，甚至可以是电视剧里的人、书里的人。

在你焦虑、纠结、茫然无措，或者快发生矛盾的时候，试着深呼吸，让自己平静下来。想一想，如果是那个人遇到这样的情况，他会怎么想？怎么做？

你还可以寻找一个专业的心理咨询师，来陪伴你进行这个过程。

当然，要和我们多年的依恋模式来进行抗争，觉察、接纳、更新依恋模式并不容易，但也没有想象中的困难，因为，现在的你已经长大了，不再是童年那个茫然、无助、需要依赖别人才能活下来的婴儿了。

现在的你，完全有力量重塑自己的人生。

学着好好说话，试着让自己表达内心真实的感受，试着拥抱自己，接纳自己的不完美，试着去包容对方，为对方着想……

就这样，不断重复有效做法，学会在自己与自己之间、自己与他人之间，营造一种新的关系模式，你轻松，对方也自在。

当你对了，对的人、对的关系就会自然而然地出现。

敬请期待。

> 关于"作"，我觉得这个解释，比较直观——以惩罚别人感受的方式，要求别人给自己关爱。
>
> 从心理学上来分析，"作"其实是一种缺乏安全感的表现，想一次次验证对方对自己的在乎程度。
>
> 不得不说，恋爱中，很多女生是把爱情作没的，因为你的一次次考验，会让觉得对方不被重视、不被尊重。
>
> 如果真的在乎对方，沟通和表达才是最关键的，把自己的担心和不安全感说出来，而不是去"惩罚"对方，这样才可能让你的感情向好的方向发展。

假如回忆骗了你

回忆久了，记忆就失了真。——张爱玲

你的回忆里，有没有一个地方美不胜收？
你的记忆里，有没有一个人无可替代？

01

舒敏长得美，事业也不错，追求她的人若是算起来，也许两只手的手指都收不完。

可人无完人，玉有微瑕，她的缺点就是爱抱怨。她就像是现代版的祥林嫂，永远活在过去，喜欢一遍一遍地重复过去的故事、过去的美好。

约她到新餐厅吃饭，她会说，曾经在什么地方吃过同样的东西，比这个好吃多了。

约她去一个新地方玩,她会说,曾经有什么地方,比这里好玩多了。

有次,她又开始抱怨了。这一次,抱怨的是感情。

"他太过分了!我换了新发色,买了新耳环,还涂了新口红,可他居然都没有看出来!说不定哪一天他的身边不是我了,他都认不出来。"女人是细节的动物,如果男友连这些变化都看不出来,几乎是死罪一条了。

"要是致涵,不用我说,他就知道我想要什么,就连我的眉毛少了一根,他都能发现。"致涵是她的前男友。

她一旦打开了这个话匣子,就很难打断,我也只能扮演一个好树洞,静静地听她倾诉,听她痛诉现任的各种不靠谱,而前任不一样,前任愿为她攀山涉水,随时在线,随叫随到……

听起来她好像是错过了一个举世无双的好男人,那他们又为什么会分开呢?

其实,我作为旁观者看得很清楚,事实并非如此。舒敏和前男友在一起两年,其实两人都不是很开心。她喜欢抱怨,而致涵又极其"玻璃心",一不小心就受伤了,两人会因为很小的事情而爆发战争,结果三天一小吵,五天一大吵,天天闹着要分手。我作为朋友,也迫不得已要参与其中。

虽说亲密关系需要磨合,但他们的关系光靠磨合是不够的,需要的是重装。重装是个大工程,如果没有人愿意妥协,最终感情便会结束。

没多久,舒敏遇到了现任。她的现任是另一类人,也许未必细心,但对她非常包容,无论她怎么"作",都依旧对她笑眯眯。

只是,任何特质,都有两面性。现在,舒敏开始觉得现任不够细心、不够体贴。她忘了,当时自己提出的唯一要求,就是心思不能太细腻。当初选择的理由,又变成了现在嫌弃的借口,午夜梦回,她又想起了前任的好。

她是一个活在过去的人,而且,是自带"美颜滤镜"的过去。

02

我们的过去由记忆构成。也可以说真是记忆，构建出了我们的生活。

可记忆真的靠谱吗？

美国心理学家丹尼尔·卡内曼认为，其实，我们的记忆并不可靠。有时我们确信无疑的事情，未必是事实，不是我们故意说谎，而是，我们常常会混淆记忆自我和经验自我。

记忆是带有强烈的个人偏好的。当我们想往坏处想时，就会拿出记忆的显微镜挑毛病，当我们想往好处想时，就会用美图秀秀，对记忆进行十级"美颜"。

那些你以为的事实，未必是事实，而是被加工、被选择过的记忆。

心理学家阿德勒曾说过一个故事，小时候，他走到学校的路上要经过一座公墓，每次他都心惊胆战。看到其他的孩子毫不在意，他感到很苦恼，决定要让自己坚强起来，所以，在放学的时候，故意把书包放在公墓附近的草地上，然后，多次地来回穿过公墓，直到他克服了恐惧为止。几十年后，他和当年的老同学提起那块墓地，所有同学都惊异不已，因为那段路从来没有什么墓地，而他也感到惊讶，因为，那段记忆是如此清晰。

所以，阿德勒特别强调记忆对了解个体的重要性。他认为，在所有的心理现象当中，最能显示秘密的，是个人的记忆。

记忆，并非出自偶然，而是我们从能够接收得到的无数片段当中，挑选出对我们有重要意义的生命故事。

我们为了保持自己自恋的完整，会从经验当中挑选出符合这种印象的记忆，好的或坏的。

因此，在咨询的过程当中，对咨询师而言，最重要的资源并非来访者表达的记忆，而是她在表达的过程当中透露出的选择记忆的方式。

记忆，是我们选择的结果，也是我们一手撰写的自传。

我们会从记忆当中挑选出符合自己态度的片段，来解释生活中发生的一切故事。

在咨询中，如何解释，比挑选什么片段更重要。因为，人格是基本保持统一的，沿着一贯的解释模式，能就找到问题的根源，就能理解她的生活为什么会变成现在这样。

所以，重塑记忆也是一种很好的治疗方式，在回忆当中，重新挑选新的解释片段。

因为，悲伤的人会撰写出悲伤的自传，快乐的人，会撰写出快乐的篇章，什么样的人，就会拥有什么样的记忆。

而我们也会信以为真，用记忆来支撑我们后面的人生。

永远活在记忆当中的舒敏，或许在失去眼前人后，才会发现这个人的好处，这是她的模式。如果模式不改变，再换几个人，都无济于事。

其实，感情是无法比较的，如果当时的他们那么合适，又怎么会分开呢？

也许，当时的所谓矛盾，对于现在的你来说根本不值一提，可是，那时的你们，谁都不肯让步，最后变得无法回头。

记忆有自动选择的功能，只留下了好的，而删除了坏的。

在一起的时候，有各种各样的不如意。或许，是因为没有在一起，又或许，是因为此刻他在别人手里，才觉得格外美好。

所以，理想的关系，需要觉察记忆的干扰，活在真真切切的当下。

美国社会心理学家丹尼尔·魏格纳曾做过一个"白熊实验"：

他安排一批志愿者坐在一个教室里面，然后不断跟他们强调，让他们不要去想白熊。实验的结果，是，这些人越是告诉自己不去想白熊，那只白熊的轮廓越清晰。其中，90%的人甚至在头脑中构建了一个白熊的影子。

想忘记一个人，也是这样，越想忘记，越忘不掉。

失恋不可怕，重要的是如何在经历中获得成长。

接受现实，不再纠缠，才是让自己的生活尽快步入正轨的有效方式。

你被套牢的爱情，会止损吗？

离开错误有多快速，遇见正确就有多迅速。你是否觉得离开一段错误的爱情很难？那或许是因为你并没有尝试迈开脚步，努力向前走。——李筱懿

01

如果没有一些被套牢的血泪史，都不好意思称自己为中国股民吧。

我就是中国股民大军的其中一个。我从上大学的时候开始炒股，每次一炒就被套，却依旧没有学乖。多年后股市再次回升，我换了一批股票，再次被套。

记得 2015 年时股票普涨，新股每天都会封涨停，从几块暴涨到几十块甚至上百块，于是在一只新股打开缺口后，尽管已是 50 多元的高价，我依然选择大量买入。

但就像是约好了似的，等我一入手，整个大盘就开始马上回落，

这只股票节节下跌，从 55 元跌到了 43 元，一眨眼就已经亏了 1/5 了，我实在舍不得割肉，于是按兵不动。

再看的时候，股票已经跌到 36 元了，已经快腰斩了，心想现在再抛也太可惜了，不如再等等。就这样，等等又等等，等到了 25 元，越等越跌，越跌越舍不得抛，后来再看时，那只股票已经跌到了 10 元以下，而且还在继续跌，而我的另外一只股票甚至已经退市了。

苦笑之余，我决定把它放在那里以提醒自己，第一，不要去做自己不擅长的事情，第二，要及时止损。

听起来像是倾诉股民的血泪史，但其实我想说的是爱情。

你被套牢的爱情，会止损吗?

02

景天结婚了，是闪婚，新郎我们都不认识。她和闫肃的这一出肥皂剧，上演了 12 年，终于，也落幕了。

闫肃是我们班当时的校草，学习成绩好，球打得好。景天苦追了闫肃三年，终于在一起了。

其实一开始半年，他们就觉得彼此并不合适，两个人个性都太强硬，常常因为一点小事，就闹得不可开交，常常叫嚣分手。

但因为是彼此的初恋，贪恋彼此带来的那一点温暖，无法割舍，尽管分过几次，在分手期间，各自还都有结识其他的男女朋友，但只要对方一招手，他们又都会回头。

在一起，觉得对方哪都是毛病，可是一分开，又发现对方的好，相信对方是会改的。

他们俩分分合合，合合分分，一开始大家还会劝劝他们，后来也懒得费劲了。观众散尽，主角还在苦苦维持，这样的戏码，上映了 12 年。

最后一次闹分手，闫肃没有再回头，就这样半推半就、半真半假地分了。

和我们这些朋友聊天时，景天常常旁敲侧击地打听闫肃的消息："听说，闫肃最近过得还不错吧？""听说，他交了新的女友？""闫肃离开我之后，没有伤心难过吗？没有想念我吗？没有悲恸欲绝吗？"

答案是，并没有，闫肃过得很好，而且和新女友已经准备结婚了。

她不甘心，还希望对方能够回头。就好比刮彩票，刮到一个"谢"字，就已经知道结果了，可是她不甘心，一定要把"谢谢惠顾"四个字全部都刮出来。

他们在一起时是 18 岁，如今她已经 30 岁了，一个女孩最好的光景，无非就是这十几年，全都虚掷在这个人身上了。

只是，再如何期待，闫肃还是结婚了。

心灰意冷之余，景天随便找一个人嫁了，与一个完全不搭的人，举行了一场没有人开心的婚礼。这个结果，其实我们在十一年以前，就已经预见到了，她不是不知道，只是不愿意接受而已。

中间闫肃还曾交往过另外一个女孩，也是我们共同的朋友，他们在一起时间很短，三个月就分手了。

我们好奇地问女孩原因，她说："想知道和一个人是不是适合，其实不需要太长的时间。闫肃非常自我，事事要求别人配合他，我自问没有能力改变他，但我也并不是小鸟依人的性格，终究难以协调，与其到最后两败俱伤，不如趁早离场。"

原本觉得她普通得不得了，但在这瞬间我们都对她刮目相看。

一个懂得止损的人，是有智慧的。她知道什么时候应该离场，一旦离场，便不再眷恋，这只股票是升是跌，和她也再没有关系了。

03

大多数人"出不来"，无非因为不甘心。

如果你买了两张滑雪场的票，一张比较贵，花了一百元，一张比较有趣，花了五十元，突然发现时间重叠了，你只能选择去一个地方。你会选择去哪一个地方呢？

这是一个心理学上的实验，实验调查结果发现人们更倾向于选择去比较贵的地方，而放弃那个比较有趣的地方。

因为，面对收益和损失时，人们更难以接受损失。这就是心理学上的"损失憎恶"理论。

经济学上有个名词叫"沉没成本"，和"损失憎恶"意思相当，简单来说就是我们曾经对一件事情的付出，包括时间，经历，金钱等。

一场电影，已经买了票，即便不好看，还是硬着头皮看了下去。一块很贵的蛋糕，即便不好吃，花了钱，还是硬着头皮吃了下去。因为我们付出了沉没成本，而这些沉没成本会无形中影响我们的决策。

经济学家认为，沉没成本处理不好，有可能会导致害怕没有结果而不敢投入，又或者对沉没成本过分眷恋，继续原来的错误，造成更大的亏损。

而最好的办法就是及时止损。

一个好的决策者，是会忽略沉没成本的。

比如说我的股票，跌到 40 块的时候，大盘已经变了，趋势已经不对了，这个时候，如果一直留恋曾经的付出，沉没成本会越积越多，越发地没有办法舍弃。再不然，在 30 块、20 块的时候止损也是好的，不至于到最后血本无归。

景天和闫肃交往半年时，就已经知道彼此不合适了，即便再眷恋，拖一年、两年也知道该抽身了，可是她整整拖了 12 年，这 12 年当中，有多少次可以止损的机会啊。

可就像赌徒一样，一次一次输了之后还是不甘心，于是翻出自己所有的筹码，想要搏一把，最终倾家荡产。

前面亏了也就亏了，把手里剩下的牌打好就是了，把握好剩下的时光，别再随便虚掷就是了。

人生中的常胜将军，不是因为运气好，也不是因为从来没有爱错人，买错股。而是在知道赢不了后，尽快离场，拿剩下的筹码再重开一局，哪还有时间痴缠？

著名的心理学教授亚科斯和布拉默，曾经提出一个"损失憎恶"，简单说就是：人们面对收益和损失时，损失更加令他们难以忍受。

这就能解释，为什么很多人的"不甘心"，反而会带来更大的损失。因为在这个过程中，他们只看到损失，而失去了理智，忘记了还可以止损。

想解决这个问题，最有效的办法，是给自己设立一个"临界点"，无论是投资还是感情，都不要一味地付出。一旦达到自己的临界点，果断放弃，这样才能避免更大的损失和伤害。

前任学校：差一点，我就毕业了

没有遗憾，就不叫人生；没有失去，就不知道珍惜；没有告别，就不会再见。

01

朋友美莉一进我家门就像倒豆子一样倾诉。

"我承认有时候说话不经大脑，我承认我这人太实在太单纯，可他当初不也是因为这个才和我在一起的吗？熟了之后就有什么说什么呗，他不也喜欢直来直去吗？那天我确实说了很多不经大脑的话，但真的都只是当时一阵的气话，他也不用这样就和我分手吧？"

林凌是美莉的初恋，虽然，外人看起来，他们并不合适。一个太过直接，一个太过敏感，一不小心就互相伤害。他们每天都在上演同一个戏码，一个说分手，一个努力地挽回。

但因为是初恋，大家都在用最真实，最柔软的部分来相处，所以，一直难以割舍。

这一次，美莉又说了分手，而这一次，林凌没有挽回，他们就这样分手了。

林凌说："即便我是猫，也只有九条命，每次分手，就等于少了一条命。我总要留一条命给自己用啊。"

等美莉终于想起林凌的好，想要低头的时候，林凌身边已经有了其他女孩了。假前任变成了真前任。原本，她以为自己还能回头，只是，即便你想要放低身段回头，也未必会有人在那里等你。

直到听说林凌已经开始谈婚论嫁的消息，美莉才真的相信这段关系结束了，分手的感觉，才开始慢慢涌现出来。此时，离他们分手已经一年了。她才开始痛彻心扉，夜夜痛哭流涕。

当我们和自己的情绪连接不够时，常常会用很多外界事物来麻痹自己真实的感受，让自己以为自己痊愈了，以为自己不在乎。当你不去接纳自己的情绪信号时，永远只会错失眼前，哀叹过去。

在当时不懂得体会自己的感受，直到出现强烈刺激的时候，真实的感觉才会涌现出来。只是可能已经晚了，物是人非，已经不是那个人、那回事了。

当情绪一开始冒出来的时候，美莉每天来找我哭一场。其实，能够哭是好事，哭是开始痊愈的象征。

可她受不了："真的太痛了，如果可以遗忘有多好？"

遗忘本身就不受控制，刻意想忘时，反而忘不掉，不再在意时，已记不起。

02

况且，遗忘真的会比较好吗？

三生三世中，凡人素素在天宫受尽了委屈，孤苦无依，跳下诛仙台，却阴错阳差地恢复了上神白浅的身份，想起在天宫的一切，痛苦莫名，不堪回首，于是，找折颜要了忘情水，一饮而尽，忘了这段情。

一开始失恋的时候，都是这样吧。痛哭流涕，痛不欲生，巴不得马上忘记，一了百了。

再后来的失恋，会哭一两个小时。再后来，流两滴清泪。再后来，也就是红了眼眶。最后，挥挥手说声再见。先前的那个他，就算努力想记起，也只依稀记得一个模糊的影子，就像吃了忘情药一样。

所以，还需要什么忘情药呢？时间和经验，就是最好的忘情药。每个前任都是一所学校，搭上时间，赔上精力，好容易快熬到毕业了，何必急着忘掉所学的知识呢？

痛苦别浪费，好好长智慧，不然，只会一次一次地掉入同样的旋涡中，如同按了重复键。

别担心，你不会一直痛苦下去，时间久了，就慢慢醒了，时间长了，也就淡了。

当然，真心付出过，还是会在大脑留下来痕迹，即便淡化了，偶尔也会激发出来，历历在目。午夜梦回，还是会难过，原以为自己治愈了，才发现，好像也并没有。

作家亨利·米勒说过，忘掉一个女人的最好方式就是把她变成文学。这是一个好办法，写作这种忘却的方式，无论对男人女人一样有效，当你把感受变成文字，将潜意识意识化，记忆就有了解药。

我们都有前任，而亲密关系是最好的镜子，可以照见我们的问题，你要学会在亲密关系里疗愈自己的伤。

伴侣不断更换，我们自己的问题还是逃不掉，如果这些问题你不去觉察、不去面对，就算你再换其他的人，还是会使用同样的模式，还是会面临同样的问题，还是会因为同样的问题而分手。

03

美莉说："我会不会永远不会好？我会不会一直忘不了他，我会不会不会再爱了？"

我笑笑："你先过半年再说。"

其实，这段关系对美莉来说也是有成长的。人的可塑性比我们想象中要强得多，原本的美莉总是待在自己的世界里，而现在的美莉变得更放松、更愿意接纳了，对她来说是一件好事。

半年后，美莉终于恢复过来了。我问她现在还想不想复合，美莉一副逃出生天的表情："别开玩笑了，自然是分分合合到累了、倦了，才放的手。我们有感情，但确实不合适，还好，他也放弃了，不然我们会周而复始地循环下去。哭一哭，缅怀一下，也就算了。至于复合，免了。"

眼前这个洒脱的女孩，是我认识的美莉吗？幸好，她终于想明白了。

其实，当时让美莉介怀的，未必是分手，而是"我以为你会对我怀念终身，没想到你一转身就有了别人"。

或许有一天，你会发现，那些难以割舍的前任，只是一种习惯。请相信，你当时做的决定，已经是你当时能做到的最好的决定了。如果这个人只能陪你走到这里了，我们所能做的，只有带着淡淡的遗憾，继续前行。

没有遗憾，就不叫人生；没有失去，就不知道珍惜；没有告别，就不会再见。

在我们的生命中，会出现很多人，他们的出现都各有意义，有些人是注定让你成长的，而有些人，是要陪你走到最后的……

前任是一所学校。我们都曾掏心掏肺，想要积攒学分，以求毕业，只是好像每次都差了一点点。

这或许是一个最折磨人的学校，费尽全力，都无法毕业，但在这样的学校里，收获和成长一定是最大的。

学校读几所，离校的悲痛程度也会逐渐减少，生活，终于会回归平静。

你会毕业的，我们都是这么毕业的。

心理学上，有一个名词叫做"未完成情结"，是指相比较那些已经完成的事件，人类更倾向于记得"未完成事件"。并且人类还有一个自然的倾向：重新拾起，并且继续完成"未完成事件"。

这也就是为什么很多分手后的人，对爱而不得的前任念念不忘。

很多人就是陷在这种"未完成事件"中，产生悔恨、愤怒、痛苦、悲伤、焦虑的情绪，从而消耗自己的精力和自信。

其实，有些事情，过去就是过去了，结束就是最好的结果，如果继续，反而会陷入"解决—无效—再解决—无效"的恶性循环，只会消耗更多的精力。

请给再见一点仪式感

人生到头来就是不停地放下，可最痛心的是没能好好地道别。——《少年派的奇幻漂流》

01

佳佳和王浩第一次牵手是在雨天，分手也是在雨天。

地上积满了水，眼前擦身而过的车没有减速，"哗"的一声，路边的积水泼到陈佳佳身上，那条雪白的裙子马上变成了一幅泼墨画。

"会不会开车啊？"即便车已经走远了，陈佳佳忍不住还是骂了起来。

今天真不是个分手的好日子，可王浩却在微信里说了分手。

佳佳说，还是出来说吧，见面说分手是一种礼貌。

和王浩交往 3 年了，25 岁到 28 岁，最黄金的 3 年，1095 个日子，才换来了一句性格不合，这工夫若用在工作上，可能早已经升职加薪了，若用在家庭上，孩子估计都会打酱油了，可是花在这个人身上，除去一颗破碎的心，什么都没有剩。

佳佳没有打伞，任雨滴沿着发丝滴下，想起他们在一起的点点滴滴，想起当年为他做过的一些傻事，才发现王浩没有感动，一直感动的都只是自己。

仔细想想，其实王浩并不懂她。吃不到一起，用不到一起，聊不到一起，有的只是当初的那点火花，一直支撑到今天。终于，也还是分手了。

不是她不好，只是有人比她好。这个世界充满比较，佳佳不是没有听到风声，只是懒得捕风捉影。

本来他们都已经开始筹备婚礼的事情，在讨论哪家酒店、开几桌、宾客名单了，现在才说不合适，佳佳觉得难以接受。

佳佳深深叹口气，又开始自我安慰，还不算最糟，总比结婚当天再说的好，想起慌乱的场景，眼下总是可以略为安慰。

时间不早了，这座城市的雨夜依旧这么热闹，川流不息的车来车往和熙熙攘攘的持伞路人，每个人都行色匆匆——也许每个人的背后都有自己的故事，也许刚失恋，也许被老板骂，也许刚刚辞职——谁没有自己的故事呢？

这一天的场景和情绪就像照片一样定格了下来。

若干年后，或许王浩这个人已经印象模糊了，但是佳佳依旧会记得这个狼狈的雨夜。

明天，明天又是新的一天了。

佳佳和王浩的故事就这么结束了，在人生最美好的时光开始的爱情故事，却是如此仓促而拙劣地收场。

或许，许多人都有类似的感觉，其实，我们并不擅长说再见。

02

佳佳说："我想和他见面其实并不是想挽回，只是想当面问一句：为什么？不然真的会不甘心，这个结，会永远在心里挥之不去。还好他还愿意出来见我，相比那些在短信里说声再见的人，他不算差啦。"

我好奇道："现在对于关系的要求都这么低了吗？"

佳佳对我翻翻白眼："有短信已经不错了，还有的连短信都没有，直接消失了。"

小北在旁边有点不好意思地说，"我就是那个微信分手的人。因为这样不需要面对他的表情，不需要感受他的温度，不需要当面拒绝他，如果当面说，我怕自己会心软。"

小北不敢当面说分手，说明这段关系还是有生命的，并未真的结束，她的理性，告诉自己应该分开，但内心并没有放下这段关系。

所以，害怕当面拒绝对方，这也是一种逃避面对的体现。

她以为发个信息分手，把对方拉黑，这段关系就结束了，可她后来发现，这个号码已经根深蒂固，想忘都忘不掉。在某个夜深人静的夜晚，她又把对方加了回来，又分分合合好几次，最后才真的分手了。

03

其实，关系是需要仪式感的。

一段关系开始的时候需要仪式，结束的时候也需要告别仪式。开始时郑重其事，结束时也要认真对待。

有些人就是常常忽略了结束的仪式，所以会停留在过去无法自拔。

有太多人懊恼自己当初决绝的分手，把原来置顶的名字拉黑，一句告别都没有。看起来很洒脱，很云淡风轻，可被忽略的情绪，还停留在那里，无法流动。

午夜梦回，回想起那些过往的时光，那些曾经的付出，你会懊恼，自己当初为什么没有好好地告别。

在电影《非诚勿扰2》中，秦奋一开场就主持了一场离婚典礼，庆祝双方友好离婚。这并非矫情，确实也是可以帮助双方更好地调试心理，重新开始新的生活。好好开始，好好结束，这也是对关系的一种尊重。

法国人类学家范·吉内普提出了"仪式"这一概念，他认为人的生命，是一个阶段向另一个阶段的转化，出生、成年、恋爱、结婚、升职……直到死亡，在这个转化的过程当中需要一个又一个仪式，来帮助你过渡到另外一种状态。

仪式，也会带来一种强烈的自我暗示，暗示跟过去告别，暗示新的开始。

好好说分手，不只是为对方，也是为了告诉你自己，这段关系真的结束了，开始准备迎接新的生活，迎接新的关系吧。

一个好的告别在很多时候，可以抚平内心深处的情感能量，让彼此更有能量的去面对接下来的生活。

即便是一段腐朽的关系，也让它完成它的意义。

04

当然，人会不自觉地选择自己当下最能承受的方式。

在比较年轻，恋爱经验比较少的时候，一点点的挫折都会感觉强烈，这时的人们会偏向于选择避而不见。

到年纪稍长的时候，经历比较多了，也比较能够接受事实了，便不用担心大家再纠缠着不放，可以很自然地分别，甚至可以面对面坐下来，讨论一下彼此都还有什么问题，感谢一下对方。

或许，还可以有一个好好的拥抱，向对方说一声"谢谢你""对不起"，向对方挥挥手，道一声"再见"，然后，从此相忘于江湖，不再打扰。这是一个成长的仪式。

当然，能当朋友是一件好事，毕竟，他曾经是最了解你的人，如果做不成朋友，也就算了，人生其实也不需要那么多的朋友，偶然遇见，点点头，相视一笑，挥挥手，也就是了。

无论是再见，不再见，都请好好地画上一个句号吧。

1908 年，法国人类学家范·吉内普首先提出了"仪式"的感念，他认为人的生命总是存在一个阶段向另一个阶段的转化，在转化的过程中需要一个仪式，比如诞生、社会成熟期、结婚、为人之父、上升到一个更高的社会阶层、职业专业化，以及死亡。

而所谓的"仪式感"，则是每个过程中我们体会到的感受和情绪。

通过仪式感，我们能感受到身份的转换和认同，从而肩负起相应的责任和义务，从而让声明获得价值、人生获得意义——这就是仪式感的价值吧。

恋爱到底怎么谈？
有点心机又何妨

你是不是经常遇到这样的烦恼：
面对自己喜欢的女生，不知道聊什么话题？
异地恋的难题怎么办？为什么吸引的都是渣男？

恋爱小技巧

恋爱大师教你如何谈恋爱，解答你的恋爱疑惑

恋爱心理

恋爱心理课教会你寻觅和经营优质的亲密关系

脱单攻略

聊天秘笈：顶级导师教你聊天，从此想跟谁聊就跟谁聊

约会宝典：约会不知道去哪里？不如看看这些推荐

微信扫码

快来学习这份
爱情修炼手册吧！